KB006591

물리학으로의 초대

정 태 성

도서출판 코스모스

물리학으로의 초대

머리말

지난번에 누군가의 초대로 한 가정을 방문한 적이 있었습니다. 좋은 음식과 환한 미소로 반겨주는 그분들이 새삼 정말 고마웠습니다. 비록 오래 머물지는 못했지만, 즐겁고 행복한 시간을 보낼 수 있었습니다. 좋은 사람들과 시간을 보낸다는 것은 너무나 의미 있는 것이라 다시 생각되었습니다.

물리학의 세계에도 흥미 있고 즐거운 많은 것들이 있다고 생각됩니다. 저는 그 어느 곳보다 물리학의 세계에 초대받는 것을 좋아합니다. 제가 몰랐던 것을 알게 되고, 상상하지도 못한 세계를 경험할 수 있기 때문입니다.

모든 사람이 그렇지는 않겠지만 물리학의 세계에 초대되어 즐거운 시간을 보낼 수 있으면 좋겠습니다. 비록 어렵고 힘든 것들이 있기는 해도 마음먹기 달린 것이 아닐까 합니다. 그동안 과학에 대한 쓴 글 중 물리학에 대한 것을 모았습니다. 물리학으로의 초대를 기쁜 마음으로 받아주었으면 좋겠습니다.

2022. 12.

저자

차례

차례

1. 지구의 자전축은 왜 기울어졌을까?

우리나라에 봄, 여름, 가을, 겨울 사계절이 있을 수 있는 이유는 지구의 자전축이 23.5도 기울어진 채로 태양을 공전하기 때문이다. 지구는 왜 이렇게 자전축이 기울어져 있는 것일까?

태양계 내의 다른 행성들은 어떨까. 그들의 자전축은 지구와 비슷할까. 그렇지는 않다. 태양계 행성들의 자전축의 각도는 제각각 다르다. 수성은 0.04도, 금성은 177도, 지구는 알다시피 23.5도, 화성은 25도, 목성은 3도, 토성은 26.7도, 천왕성은 98도, 해왕성은 28도이다. 특이한 것은 금성의 자전축 기울기는 무려 177인데 이는 완전히 거꾸로 서서 도는 것과 마찬가지이다. 여기서 질문이 나올 법하다. 177도라면 수성과 마찬가지로 그냥 거의 기울어지지 않은 채로 공전하는 것이 아닌가 싶지만 그렇지는 않다. 자전축의 정의는 그 행성의 자전축과 공전축 사이의 각도를 말하므로 금성은 거꾸로 서서 도는 것과 마찬가지이다. 사람으로 말하면 물구나무선 채로 돌고 있다는 뜻이다. 또한 천왕성은 98도이므로 이것은 옆으로 누워서 회전하는 것과 마찬가지이다.

그렇듯 태양계 내의 행성들은 각도는 다르지만 모두 자전축이 기울어진 상태로 태양 주위를 공전하고 있다. 왜 자전축이 기울어져 있는 것인지 알아보기 위해서는 태양계가 처음 태어나는 그 순간으로 시간을 돌려 보면 이해를 할 수 있다. 하지만 아직까지 학설로만 주장되는 것이고 증명된 것은 없다. 그래도 그러한 이유를 살펴보는 것은 의미가 있을 것이다.

태양계가 생긴 것은 지금으로부터 약 45~47억 년 전이다. 당시 태양계는 지름이 어마어마하게 큰 거대한 성운이 회전하면서 만들어지기 시작했다. 성운의 성분 중에 원자들이 주축인 구름이 만유인력에 의하여 태양이라는 별로 탄생하게 된다. 그리고 그 주변의 찌꺼기들이 지구를 비롯한 태양계의 행성과 그 행성을 도는 위성들을 형성하게 된다. 학자들은 행성들의 자전축이 기울어진 이유는 태양계의 행성들이 형성되기 시작할 때쯤 태양계 내의 무수한 소행성들이 있었는데 태양의 만유인력으로 인해 이러한 소행성이 태양계 내에서 운동하다가 각 행성과 부딪히면서 그 충돌로 인해 자전축이 기울어졌다고 보고 있다. 당시의 소행성들은 무지막지하게 커서 각 행성과 부딪힐 때 그 행성의 운동 자체에 엄청난 영향을 줄 수가 있었고 그러한 충격들이 누적되어 자전축이 기울어진 상태가 되었다는 것이다. 그리고 어느 순간부터 그러한 충돌이 줄어들어 더 이상의 충격은 없게 되어 그 상태에서 더 이상의 변화는 없이 관성에 따라 자전축이 기울어진 상태로 태양을 공전하며 지금까지 왔다고 주장한다.

지구의 자전축이 23.5도 기울어진 것은 어찌 보면 태양계 형성 과정에서 생긴 우연에 의한 것이라 할 수 있다. 과학에는 이렇듯 우연에 의한 현상이 셀 수 없이 많다. 이유나 목적은 모르지만 그러한 일들이 생기는 것이다. 그리고 그 우연은 시간이 지나 필연으로 남게 된다. 우리가 사계절을 가질 수 있는 것은 이러한 우연에 의한 필연이라고 밖에 할 수 없다.

2. 지구는 왜 구형일까?

우리가 살고 있는 지구는 반지름이 약 6,400km인 구형의 형태이다. 지구는 왜 동그란 구형의 모습을 가지고 있는 것일까? 생각해 보면 지구 말고 태양계의 행성이 모두 구형이다. 수성, 금성, 화성등 모두 예외 없이 동그랗다. 심지어 우리 태양계의 중심인 태양도 또한 구형이다. 우리 태양계 밖 다른 태양계의 별이나 행성들도 거의 대부분 구형의 모습이다. 왜 그런 것일까?

그것은 바로 태양 같은 별이나 그 별 주위를 도는 행성들이 처음 탄생할 때 만유인력에 의해 물질들이 끌어당겨져 모이면서 태어났기 때문이다. 어떤 물질이 공간에 존재할 때 빛을 제외하고는 모두 질량을 갖고 있다. 이러한 질량은 만유인력에 의해 서로 끌어 당겨진다. 물론 그 만유인력이 사방에 존재하지만 많은 물질 중 어떠한 한 물체의 질량이 다른 것에 비해 더 무겁다면 이 물체가 만유인력의 중심이 된다.

이로 인해 질량이 가장 무거운 물체가 자신을 중심으로 그 주위의 물질들을 다 끌어당기기 시작하게 된다. 그 주위의 물질이 모여서 질량이 점점 더 커지면 커질수록 주위의 물질들을 더욱 중심으로 끌어당기게 된다. 이로 인해서 모여진 물질은 당연히 질량의 중심을 기준으로 구의 형태를 띨 수밖에 없다. 사방으로 거리가 일정한 형태의 구가 만유인력을 작용시키는 힘의 중심에서 가장 안정될 수밖에 없기 때문이다.

그렇기에 우주 공간에 있는 무수한 별들이나 행성이 대부분 동그란 구형이 될 수밖에 없다. 물론 우주 공간에는 구형이 아닌 물체들도 상당히 존재하고 있다. 예를 들어 혜성 같은 것은 긴 꼬리가 있는 길쭉한 형태이다. 혜성의 형태가 이렇게 되는 이유도 또한 만유인력 때문이다. 태양으로부터 먼 거리에 있지만, 그 인력에 의해 끌려오는 혜성은 다른 행성과 같이 항상 일정한 궤도에서 공전하지 못하고 태양의 엄청난 인력 때문에 길쭉한 형태인 심각하게 찌그러진 타원궤도를 돌면 지구를 공전하기에 구의 형태를 띠지 못하는 것이다.

지구가 동그란 기하학적인 구형의 모습이기는 하지만 완전한 구는 아니다. 구란 기하학적으로 한 점으로부터 일정한 거리여야 하지만 사실 지구의 반경이 완전히 같지는 않다. 지구의 적도반경은 6,378km인 반면에 극 반경은 6,357km이다. 적도 부근이 극지방 보다 약 21km 더 크다. 이것은 바로 지구의 자전 때문이다. 지구의 자전은 적도 방향으로 극 방향보다 약간 더 큰 원심력을 만들어내게 된다. 이 원심력에 의해 지구가 탄생하면서부터 지구의 적도반경이 극 반경보다 조금 더 커지게 된 것이다. 만약 지구가 자전하지 않았다면 완전한 구형이었을 것이다. 만약 그렇게 되었더라면 지구 한쪽은 1년 내내 낮이고 반대쪽은 웬만한 생명체도 살아남기 힘든 1년 내내 밤이었을 것이다. 태양 에너지가 1년 내내 그쪽에는 도달하지 않을 것이기 때문이다.

이렇듯 가만히 생각해 보면 자연이란 정말 오묘하고도 신비롭기까지 한 것 같다. 인간으로서는 상상할 수 없는 정말 엄청난 설계자가 바로 자연이다.

3. 블랙홀로의 여행은 가능할까?

블랙홀은 중력적으로 붕괴된 별이다. 이 별은 이미 붕괴되어 버렸기 때문에 원래의 별에 대한 정보를 얻을 수 없다. 이것을 물리학자들은 "블랙홀은 털이 없다"라고 표현한다. 이는 블랙홀을 만든 별에 대한 어떠한 것도 알 수가 없다는 것을 뜻한다. 왜냐하면 블랙홀 밖으로 아무것도 나오지 못하기 때문이다. 하지만 블랙홀의 질량, 스핀 그리고 전하에 대한 것은 알 수 있다.

블랙홀이 된 원래 별의 중심핵에서의 물질은 자신의 무게로 인해 수축을 계속 일으켜서 무한히 압착된 점, 즉 부피가 0이며, 밀도가 무한대인 점이 된다. 이를 특이점(singularity)이라고 한다. 이 특이점에서는 시공이 존재할 수 없다. 우리가 알고 있는 물리법칙도 성립되지 않는다. 우리하고는 완전히 다른 세계라 생각하면 된다. 그러나 밖에서 보면 블랙홀의 구조는 사건 지평선(event horizon)으로 둘러싸인 특이점으로 설명할 수 있다.

우주인이 만약 블랙홀로 떨어진다면 어떻게 될까. 계산에 의하면 사건 지평선에서 아주 멀리 떨어진 안전한 거리에 관측 장치를 놓고, 블랙홀 속으로 떨어지는 우주인을 우리가 관찰해 보면, 처음에는 무거운 별에 접근하는 것처럼 우주인이 빠르게 우리로부터 멀어져 간다. 그가 블랙홀의 사건 지평선에 가까워지면 블랙홀의 강력한 중력장으로 인해 우주인의 시간은 점점 느리게 간다. 상대성원리에 의한 효과 때문이다.

사건 지평선에 접근하면서 우주인이 자신의 시간으로 매초 한 차례씩 신호를 보낸다면, 우리가 받는 그 신호 간격은 점점 길어져서 우주인이 사건 지평선에 도달할 때에는 무한대로 길어지는 된다. 이렇게 시간 간격이 무한대로 접근하면서 우주인은 천천히 멈추어 사건 지평선에서 시간이 멈추어 있는 것처럼 관측된다. 하지만 우주인에게는 시간이 정상적인 비율로 흘러가고, 그는 블랙홀의 사건 지평선 속으로 낙하한다.

사건 지평선 밖에서 보는 우리와 사건 지평선으로 떨어지는 우주인이 서로 다르게 인식되는 것은 시간과 공간에 관한 아인슈타인의 상대성이론 때문이다. 이 이론에서 각 관측자는 자신의 기준계에 의존하는 세계에서 관측한다. 강력한 중력 속에 있는 관측자는 더 약한 중력을 받는 관측자와는 다른 시간과 공간을 측정하게 된다.

그렇게 사건 지평선 안으로 떨어진 우주인은 다시 사건 지평선 밖으로 되돌아 나오지 못한다. 빛도 빠져나올 수가 없는 블랙홀이 끌어당기는 상상할 수 없을 정도로 큰 중력 때문이다. 우리는 더 이상 우주인에 대한 그 어떤 정보도 얻을 수 없게 된다. 우리에게 우주인은 영원히 우주의 숨겨진 존재로 되는 것이다.

사건 지평선 안으로 빨려 들어간 우주인은 그의 발이 먼저 들어갔다고 가정하면 발에 작용하는 특이점의 중력은 그의 머리에 미치는 힘보다 커서 키가 늘어나기 시작한다. 또한 특이점은 하나의 점이기에 우주인의 왼쪽 몸은 오른쪽 방향으로 오른쪽 몸은 왼쪽 방향으로 당겨지면서 몸 양쪽이 특이점으로 가까워진다. 즉, 우주인의 몸은 한쪽 방향으로는 압착되고 다른 방향으로는 늘어난다.

우주인이 몸은 그렇게 늘어나면서 그의 몸이 찢겨지기 시작한다. 끔찍하게도 그의 다리는 몸으로부터, 발목은 다리로부터, 발가락은 발에서 떨어져 나가기 시작한다. 그리고 나서는 그의 찢긴 몸에서 나온 수많은 원자는 특이점을 향해 엄청나게 빠른 속도로 낙하하기 시작한다. 블랙홀로의 여행은커녕 우주인은 순식간에 죽음에 이르게 되는 것이다. 흔히 영화 장면에서 나오는 블랙홀을 통과했다가 다시 돌아온다는 것은 그저 영화일 뿐인 것이다. 현실에서는 결코 일어날 수 없다. 즉 블랙홀로의 여행은 생각할 필요도 없다. 곧 죽음이기 때문이다.

4. 반입자의 세계

영국의 물리학자 폴 디랙은 1928년 특수상대성이론과 양자역학을 결합하여 디랙방정식을 만들어냈다. 이 방정식은 스핀이 1/2인 페르미온을 기술하는 것으로 전자와 같은 물질의 운동을 다룬다. 전자의 정지질량을 m이라 하고 이 디랙 방정식을 풀어보면 그 해는 전자의 에너지가 전자의 정지질량 m에 빛의 속도 c의 제곱을 곱한 것보다 큰 것과 전자의 정지질량 m에 빛의 속도 c의 제곱을 곱한 것의 마이너스 값보다 작은 경우 두 가지로 구해진다. 첫 번째 경우는 양의 에너지 값으로 아인슈타인의 특수상대론과 일치하는 결과가 된다. 하지만 두 번째 것은 에너지가 음의 경우로서 당시 그 이유를 설명할 수 없었다. 음의 에너지를 상상할 수 없었기 때문이었다.

이에 디랙은 전자와 질량이나 스핀은 같지만 전하가 마이너스가 아닌 플러스 전하를 가진 반전자를 가정하면 이를 설명할 수 있다고 주장했다. 우리가 일반적으로 알고 있었던 전자의 전하는 마이너스이지만 전하가 플러스인 다른 전자가 존재한다는 것이었다. 즉 전자와 반전자는 전하만 반대인 쌍둥이 입자라는 뜻이다.

디랙의 이 주장은 당시 상당한 반향을 일으켰는데 실제로 이러한 반전자가 존재할지는 미지수였다. 1932년 칼 앤더슨은 우주에서 날아오는 빛인 우주선(cosmic ray)을 관측하던 중 전자의 반입자인 반전자(양전자로도 함)를 발견하게 된다. 이로써 디랙이 주장한 양전자가 존재한다는 것이 맞는 사실임이 확인되었다.

특이한 사실은 전자와 양전자 두 개가 서로 충돌을 하면 두 입자는 서로 소멸하여 사라져 버린다는 것이다. 질량을 가지고 있던 두 개의 입자가 만나는 순간 어디론가 없어져 버리게 되는데 이를 "쌍소멸"이라고 부른다. 전자와 양전자의 질량은 도대체 어디로 가버린 것일까? 그것은 전자와 양전자가 부딪혀 사라지면서 빛의 입자인 광자가 만들어진다. 광자는 질량이 없는 입자이다. 질량이 빛의 에너지로 변해 버린 것이다. 질량이 있는 입자가 공간에서 사라져 버린 반면 질량이 없는 빛으로 다시 탄생하는 것이다.

반대로 질량이 없는 빛의 입자인 광자 쌍이 충돌을 하면 질량을 가지고 있는 전자와 양전자로 생겨난다. 이를 "쌍생성"이라고 부른다.

어떻게 이러한 일이 가능한 것일까? 질량이 있던 입자들이 어느 순간 질량과 함께 사라져 버리고, 질량이 없던 빛의 입자가 어느 순간 질량이 있는 입자로 나타나게 되니 어찌 보면 일반적인 상식으로는 전혀 이해할 수 없는 일인 것이다.

우리가 가지고 있는 일반 상식이나 개념은 한계가 있다. 우리의 지식으로 이해할 수 없는 것은 우리가 몰라서 그렇지 이 자연에는 셀 수 없을 정도로 많다. 아인슈타인이 "신은 주사위 놀이를 하지 않는다."는 말을 한 이유는 인류 역사상 가장 뛰어난 천재적인 과학자였던 그도 이러한 현상을 이해할 수가 없었기 때문이다. 물론 이 말이 그가 믿는 과학의 확실성을 주장하는 말이긴 하지만 그 뒷면에는 그도 이러한 현상을 받아들일 수가 없었기 때문이었다.

우리가 알고 있는 것은 사실 별 것이 없다. 자신이 많은 것을 알고 있고 자신이 항상 옳다고 생각하는 것 자체가 자신의 한계를 모른다는 것을 반증하는 것 밖에 되지 않는다. 이해할 수 없는 것은 그냥 받아들이면 된다. 반입자의 세계를 이해하려 하지 말고 그것이 자연이라고 그저 받아들이면 아무런 문제가 없는 것이다. 자신이 가지고 있는 확고한 관념 때문에 다른 것을 받아들이지 못한다면 자신의 세계가 그만큼 작다는 것임을 반입자의 세계를 통해 알 수 있는 것이다.

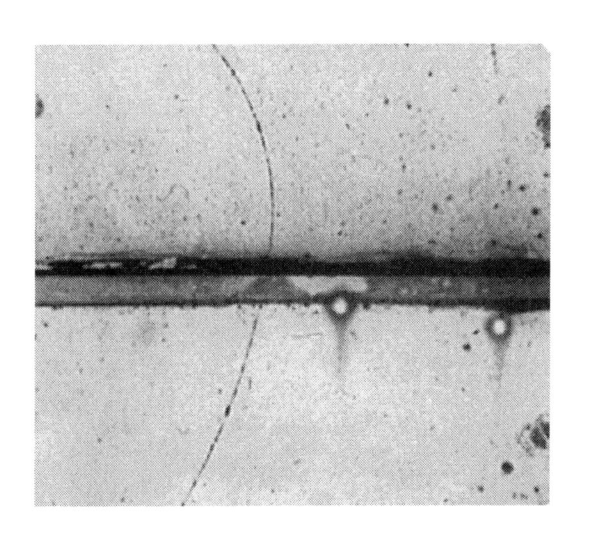

5. 중력파를 발견하기까지

1915년 아인슈타인의 일반상대성이론이 나온 후 중력파의 존재에 대해 예측하였으나 중력파와 물질과의 상호작용이 너무나 약해 아인슈타인 자신도 실험적 관측하기에는 너무나 어려울 것이라고 생각하였다. 그로부터 100년 후 2015년 드디어 중력파를 관측하게 되었다.

중력파란 크기가 너무 작아 그 신호를 직접 검출하는 것은 쉽지 않다. 중력파는 질량이 큰 별들에 의한 급격한 중력의 변화가 파동의 형태로 시공간을 거쳐 전파되어 나간다. 별들의 질량이 크면 클수록 더 강한 세기의 중력파를 만든다. 잘 알려진 중력파의 발생원은 쌍성계이다. 공전하는 별 사이의 거리와 회전 주기에 따라 발생하는 중력파의 주파수가 달라진다. 그 세기는 별까지의 거리와 질량에 의존한다.

다양한 중력파원을 발생하는 천체를 관측하는 것은 하나의 중력파로는 불가능하며, 발생하는 중력파의 주파수와 세기가 제각각 다르기 때문에 중력파 검출기에 최적화된 천체를 대상으로 하는 중력파원을 목표로 관측한다.

중력파의 검측은 실험적으로는 시작된 지 60년 만에 결과를 얻게 되었고 이 발견은 지난 100여 년의 과학사에 있어 가장 중요한 발견이라고 할 수 있다. 이에 중력파에 대한 논의가 시작되었던 때부터 실험적인 발견이 완성되기에 있어 수많은 과학자들의 노력과 땀으로 이루어졌기에 그 과정을 간략하게나마 살펴보는 것은 의미가 있을 것이다.

1905년 7월 프랑스의 과학자 앙리 푸앵카레는 중력은 공간을 통해 파동의 형태로 진행한다는 논문을 발표하였고 그는 이 파동의 이름을 "중력파"라 이름 지었고 이것이 중력파의 역사의 시작이라고 할 수 있다. 알버트 아인슈타인은 1905년 특수상대성이론을 발표한 이후 10여 년에 걸쳐 이 이론을 더 확장시켜 1915년 일반상대성이론을 완성하게 된다. 일반상대성이론은 중력에 대한 이론이지만 뉴턴의 그것과는 커다란 차이가 있다. 뉴턴의 중력 이론은 물질과 물질의 상호작용이라고 설명하지만 아인슈타인은 중력은 시공간의 곡률이며 이 곡률은 공간에 존재하는 물질에 의해 결정된다고 주장하였다.

아인슈타인은 일반 상대론을 완성한 후 푸앵카레가 주장한 바와 마찬가지로 중력파의 존재가 가능할 것이라고 추측하였다. 그는 가속된 전하에 의해 만들어지는 전자기파처럼 중력파도 가능할 것이라고 생각하였다. 그 후 아인슈타인은 그의 학생이었던 네이단 로젠, 레오폴드 인펠트와 함께 중력파의 수학적인 해를 찾으려 노력했고 많은 우여 곡절을 겪은 후 1936년 중력파의 존재를 확신하게 된다.

중력파가 이론적으로 존재 가능하다는 것이 알려지면서 실험적으로 그 존재를 증명할 필요성이 요구되었다. 중력파를 실험적으로 관측하는 데 있어서는 많은 어려움이 있었다. 가장 문제가 된 것은 실험적으로 측정 가능한 양을 계산할 수 있는 관측자가 어느 좌표계에서 있어야 하느냐 하는 것이다. 사실 물리학에서는 좌표계는 계산상 편리함으로 인해 선택된다. 실질적으로 관측자는 물체의 운동과 물체 자체의 시간과 상관없이 자신이 존재하고 있는 좌표계를 선택한다. 이러한 문제를 보정하기 위해 1956년 펠릭스 피라니는 "리만 텐서에 있어서 물리적 중요성"이라는 논문을 발표하게 된다. 이 논문은 중력파에 적용할 수 있는 물리적 관측 가능한 양에 대한 수학적 형식을 만드는 것에 대한 내용으로서 상당히 중요하다. 그는 이 논문에서 중력파는 공간을 통해 진행해 가면서 입자들을 앞과 뒤로 움직이게 한다고 논하였다.

그러는 사이 중력파의 논의에서 또 하나의 쟁점은 중력파가 에너지를 운반할 수 있는지에 관한 것이었다. 일반 상대론에 있어 시간은 좌표의 일부이고 그것은 위치와 관계하고 있다. 이는 에너지는 시간과 대칭성이 있다는 보존 원리와 상충하므로 에너지가 보존되지 않을 것으로 생각되지만 휘어진 시공간은 국소적으로는 편평하므로 에너지는 국소적으로 보아서는 보존된다고 생각하였다. 이 논의는 1950년대 중반까지 이어졌다. 이는 리차드 파인만에 의해 중력파는 에너지를 운반하는 것으로 결론 지어졌다.

1957년 미국 노스 캘로라이나의 차펠힐에는 중력파의 실험적 증명을 위해 이 분야의 전문가들의 모임이 있었다. 이 모임은 실질적인 중력파 검증의 시작이라 할 수 있어 의미가 있다. 이 모임에서 참석했던 요셉 웨버는 중력파의 실험적 관측에 대해 큰 관심을 갖고 이를 위해 어떤 실험적 기구들이 필요하며 어떻게 중력파를 실험적으로 증명해 낼지 연구에 몰입하게 된다. 1960년 그는 중력파의 실험적 관측에 관한 실질적인 논문을 발표하였다. 그는 이 논문에서 기계적인 장치에 유도된 진동을 측정하는 방법으로 중력파를 실험적으로 관측할 수 있을 것이라고 주장하였다. 그는 여기서 큰 금속의 원통형 바를 만들고 중력파에 의해 만들어지는 공명적 진동을 관측할 수 있을 것이라고 생각하였다. 그의 제안에 따라 1966년 원통형 바가 실질적으로 완성되었고 본격적인 중력파의 실험적 관측에 들어가는 계기가 마련되었다. 그는 많은 노력으로 1969년 중력파의 검출에 성공했다는 논문을 발표하였으나 다른 과학자들의 검증에 의해 실험에 문제 있음이 밝혀져 실질적인 중력파 관측으로 인정받지 못하였다.

그의 실패에도 불구하고 1970년대에 이르러 중력파의 실험적 관측에 대한 가능성이 열려 여러 대학과 연구기관에서 웨버의 실험을 개선하려는 많은 노력이 시작되었다. 실험적 개선을 위한 노력 중 가장 중요한 것은 간섭계로 인한 관측일 것이다. 레이저 간섭계를 이용한 중력파 검출에 대한 제안과 연구는 1960년대 시작되었다. 그 시도를 처음 한 것은 러시아 과학자 게르텐슈타인과 푸스토보이트였다. 그들은 마이컬슨의 간섭계의 구조가 중력파에 민감하게 작동하는 대칭성을 가지고 있다고 생각했다. 레이저를 이용하면 양쪽 팔의 길이가 10미터의 간섭계를 가지고 의 경로 차이를 측정할 수 있을 것으로 전망했다.

그 후 간섭계를 이용한 중력파 검출에 있어 중요한 공헌을 한 와이스는 중력파 검출의 실현을 위해 수 킬로미터의 팔을 가진 간섭계가 가져야 할 최적의 조건, 민감도, 이들을 나타내는 각종 잡음 원들의 분석을 수행했다. 와이스는 1972년 한 보고서에서 구체적으로 간섭계가 가지는 잡음 원들의 분석과 그 성능의 한계에 대해 논의하였다. 그는 중력파를 실제적으로 검출할 수 있는 3000억 원에 이르는 대규모 프로젝트를 생각하였으나 실현시키지는 못했다. 간섭계를 이용한 실험은 단색광 즉 동일한 파장을 지닌 빛을 레이저로 방출시켜 스플리터의 표면에 닿게 하고 이 스플리터는 일부는 반사시키고 일부는 통과시켜 통과된 빛과 반사된 빛이 각각 거울에 닿은 후 반사되어 간섭을 일으킨 후 검출 장치에 기록되는 장치이다. 실험 처음에는 두 개의 거울이 스플리터와 같은 거리에 위치시킨 후 나중에 거리를 약간 조정하면 간섭 된 빛의 세기에 변화가 생기고 이를 관측한다. 중력파가 이 간섭계를 통과하면 스플리터와 거울의 거리 조정에 의해 중력파가 있을 때와 없을 때의 빛의 세기에 차이가 생기게 되며 이는 중력파의 존재를 실험적으로 증명할 수 있도록 만드는 것이다.

이 장치는 중력파 검증에 있어 획기적인 아이디어가 되어 여러 연구기관에서 실행하였다. 일반적인 중력파의 진동수가 100Hz

라면 간섭계의 길이는 약 750km가 돼야 하므로 아주 먼 거리를 두고 장비를 설치하여야 한다. 이 간섭계를 이용한 실험 장치는 웨버의 학생이었던 로버트 포워드에 의해 처음으로 설치되었다. 하지만 그 기기는 너무 작아 검출기로서 중력파를 발견할 수 있는 것은 아니었다.

1975년 실험 물리학자였던 레이 와이스와 중력에 대한 이론 물리학자인 킵 손은 중력파에 대해 공동으로 관심이 있어 같이 협력하기로 하고 중력파에 대해 이미 경험이 많은 전문가인 로날드 드레버를 같은 팀으로 참여시킨다. 그들은 칼텍과 MIT에 중력파 레이저 간섭계를 설치하고 운영하며 계속 발전시키고 보완시켜 나간다. 그러던 중 1983년 그들은 미국 과학 재단으로부터 1억 달러에 이르는 연구비를 책정 받아 반경이 수 km에 이르는 레이저 중력 검출 장치를 만들기에 이르는다. 이 프로젝트가 바로 "Caltech–MIT"라 불리는 LIGO (Laser Interferometer Grav–itational wave Observatory)" 프로젝트이다.

LIGO 시스템

이 프로젝트는 앞의 세 사람 킵 손, 레이 와이스 그리고 로날드 드레버가 이끌었다. 허지만 와이스와 드레버의 의견이 많이 충돌했고 이견이 많아 나중에 보그크가 프로젝트의 단일 책임자로 고용되어 이 프로젝트를 지휘하게 되면서 1988년 본격적인 연구에 돌입하게 되었다. 연구하는 중간에 많은 우여곡절이 있었고 보그트가 사의를 표하고 드레버가 연구진에서 탈퇴하는 등 어려움이 많았지만 이런 커다란 프로젝트에 많은 경험이 있는 고에너지 입자 실험물리학자인 배리 바니쉬가 프로젝트의 책임을 맡게 되면서 LIGO 프로젝트는 본격적인 궤도에 올라 하나의 관측소를 워싱턴주 핸퍼드시에 하나는 루이지애나 주의 리빙스턴 시에 1997년에 설치를 완성하였다. 워싱턴 주의 핸퍼드와 루이지애나 주의 리빙스턴은 약 3,500km 정도 떨어져 있으며, 이 거리 차는 중력파가 쓸고 지나갈 때 약 100분의 1초의 시간 지연 효과를 만들어 낸다. 라이고의 최종 공사비용은 2억 9200만 달러였고, 추후 업그레이드 비용으로 8,000만 달러가 들었다.

실험 장치들과 설비들이 계속 보완되고 발전되면서 2002년부터 본격적인 작동을 시작하게 된다. 2010년까지 8년 동안 실험이 진행되었지만 중력파 검출에 실패하면서 5년 정도 작동을 멈추고 모든 장치를 재점검하면서 업그레이드 작업을 하고 다시 관측에 들어가고 이후 얼마 지나지 않은 2015년 9월 18일 인류 최초로 중력파 관측에 성공하게 된다. 이 중력파는 태양보다 30배 무겁고 지구로부터 13억 광년 떨어진 두 개의 블랙홀끼리 충돌하면서 발생한 중력파였다. 관측 이후 진정한 중력파인지 검증 작업이 이루어졌고 이듬해인 2016년 2월 인류 최초로 중력파가 관측된 것이 증명되었다. 이는 이론적으로만 예견했던 중력파의 존재를 실험적으로 검출한 것이다. 이 중력파는 두 개의 블랙 홀로부터 기인한 것으로써 블랙홀의 존재를 증명한 것이기도 하다. 이는 쌍성 블랙홀이 서로 병합하여 하나의 블랙 홀로 만들어지는 과정에서 나타나는 중력파의 신호였다. 이 공로로 2017년 킵 손과 바니시 그리고 바이스는 노벨 물리학상을 수상하게 된다.

6. 뉴턴의 습관

아이작 뉴턴은 평생을 독신으로 살았다. 그는 사람을 좋아하지 않았고 여성은 더욱 싫어했다. 어릴 적 아픔이 있었기 때문이다. 그는 과학의 역사에서 가장 위대한 책이라는 "자연철학의 수학적 원리"를 18개월 정도에 걸쳐 집필을 했다. 이를 위해 그는 집안일을 도와주는 사람을 고용했다. 그가 뉴턴의 일상생활에 대해 기록을 남긴 것이 있는데 다음과 같다.

"나는 그가 승마, 산책, 공굴리기 등 운동이나 놀이를 하는 것을 본 적이 없다. 그는 연구에 사용하지 않은 시간은 잃어버린 시간이라고 생각하고 연구에 몰두했으며, 루카시안 석좌 교수로 강의하는 일 이외에는 집에서 나가는 일조차 드물었다. 다른 사람이 개의치 않는다면, 뒤꿈치가 닳아빠진 구두를 신고 양말을 신지도 않고 흰 가운을 걸친 채 머리는 거의 헝클어진 모습으로 아무 거리낌 없이 외출하는 게 보통이었다. 어쩌다가 식당에서 식사를 하겠다고 외출했다가 왼쪽으로 돌아가서 도로로 나와 버리면, 잘못 나왔다는 것을 알아차리고 급히 되돌아오는데 이때도 종종 식당으로 가지 않고 자기 방으로 되돌아오기 일쑤였다."

뉴턴은 자신이 좋아하는 것 외에는 다른 것에 일체 관심조차 없었다. 자신이 하는 일에 몰입을 할 뿐이었다. 다른 사람이 대부분 하거나 좋아한다고 해서 그것을 해보려고 시도조차 하지 않았다. 일반적인 입장에서 그의 모습을 보면 이해하기 쉽지 않았을 것이다.

대개의 경우 그는 식사를 자기 방으로 가져오게 하고는 밥 먹는 것을 잊어버리기도 했다. 뉴턴을 위해 일하던 사람이 뉴턴에게 식사를 다 하셨느냐고 물어보면, 뉴턴은 멍하니 쳐다보며 "내가 밥을 먹었던가?"하고 되물어 보았다고 한다.

아이작 뉴턴이 위대했던 이유는 자신이 좋아하는 일에 몰입을 했기 때문이다. 하지만 그러한 것으로 인해 잃은 것도 많이 있다. 다른 것을 하거나 일반적인 사람들이 즐기는 것을 할 여유가 없었던 것이다. 게다가 다른 사람들이 보기에 전혀 이해할 수 없는 일들도 많이 있었다.

석사과정 때 지도교수님을 뵈러 일주일에 몇 번씩 교수님 방을 가곤 했었다. 교수님 방은 정말 너무 지저분하고 정리가 되어 있지 않아서 볼 수가 없을 정도였다. 교수님이 앉아계신 책상까지 가려고 하면 사무실 전체 공간에 발 디딜 틈이 없어 교수님께 가기가 여간 힘든 게 아니었다. 발 뒤꿈치를 들고 빈 공간을 찾아 한 발 한 발 조심스럽게 가야 했다. 하지만 교수님은 아무런 불편을 느끼지 못하는 것 같았다.

많은 사람이 생각하는 일반적인 기준은 중요한 것이 아니다. 만약 뉴턴이 그냥 일반적으로 평범한 사람이었다면 그가 흰 가운을 입고 헝클어진 머리로 시내로 외출한다면 다른 사람들은 뉴턴을 보고 뭐라고 했을까.

뉴턴이 그러한 모습을 다니는 데에는 다 이유가 있었던 것이다. 세상에 완벽한 사람은 없다. 다른 사람이 문제가 있다고 생각하기 전에 나 자신은 문제가 없는지부터 살펴봐야 할 필요가 있다. 나의 기준으로 다른 사람을 생각하고 판단하는 것만큼 무서운 것은 없다. 자신이 생각하는 기준을 고집하고 자신이 항상 옳다고 주장하는 것은 스스로가 얼마나 독선적인 것인지를 증명하는 것밖에 되지 않는다. 그러한 사람은 아이작 뉴턴을 미친 사람이라고 말할지도 모른다.

7. 블랙홀의 증거

블랙홀은 중력적으로 붕괴된 별이다. 이러한 블랙홀이 우주 공간에 있다는 것을 어떻게 증명할 수 있을까? 만약 블랙홀이 존재한다면 우리로부터 무척이나 먼 거리에 아주 작은 크기로 존재할 가능성이 있을 텐데 그러한 것을 어떻게 찾아낼 수 있을까?

사실은 블랙홀 그 자체를 찾는 것보다는 그 근처에 있는 별을 찾는 것으로 블랙홀의 존재를 증명할 수 있는 방법을 택하는 것이 낫다.

질량이 큰 별이 붕괴되어 블랙홀이 될 때 그 흔적으로 중력적인 영향을 남기게 된다. 쌍성계 중의 한 별이 블랙홀이 되면 그 이웃에 있는 동반성에 미치는 영향으로 블랙홀의 존재를 알 수 있다.

블랙홀의 발견을 위해서는 다음과 같은 방법을 취한다. 우선 별의 운동으로 그 별이 쌍성계의 일원이라는 것을 보여주는 별을 찾는다. 만약 두 별이 보인다면 두 개의 별 모두 블랙홀이 아니므로 성능이 아주 좋은 망원경으로 쌍성 중의 한 별만 보이는 쌍성계를 주목해야 한다.

하지만 보이지 않는 것만으로는 충분하지 않을 수 있다. 그 이유는 비교적 어두운 별이 밝은 동반성의 바로 옆에 있거나 우주의 먼지에 싸여 있다면 찾기가 어려울 수 있기 때문이다. 또한 보이지 않는 별이라도 실제로는 빛을 방출하지 않는 중성자별일 가능성도 있다. 따라서 보이지 않는 별이 중성자별이 되기에 너무 질량이 크고, 크기가 극히 작은 붕괴된 천체임을 나타내는 증거를 찾아야 한다.

쌍성의 보이지 않는 동반성의 질량을 측정하기 위해서는 보이는 별에 대한 정보와 케플러 제3법칙을 이용해야 한다. 질량이 우리 태양 질량의 3배보다 크면 일반적으로 블랙홀로 볼 수 있다.

블랙홀의 사건지평선 부근에서 물질은 광속에 근접하는 속도로 움직인다. 원자들은 사건지평선을 향해 무질서하게 회전하며 들어가면서 서로 충돌을 일으키고 내부 마찰로 인해 그 온도가 1억도 이상으로 증가하게 된다. 이렇게 온도가 높은 물체는 X-선의 형태로 복사를 방출하게 된다. 따라서 우리의 블랙홀의 증거를 찾는 목표는 이러한 쌍성계와 관련되어 있는 X-선을 방출하는 천체를 찾아내는 것이다.

X-선을 방출하는 낙하 가스는 블랙홀의 동반성에서 나오는 것이다. 근접 쌍성계의 별들은 구성별 중의 하나가 적색거성으로 팽창하면 질량을 교환할 수 있다. 쌍성계에서 한 별은 블랙홀로, 다른 별은 거성으로 팽창하기 시작하고 두 별이 멀리 떨어지지 않는 거리에 있다면 팽창하는 적색거성의 외곽 대기는 블랙홀을 향해 낙하하기 시작할 수 있다. 거성과 블랙홀의 상호 공전으로

물질은 블랙홀에 직접 떨어지지 않고 나선을 그리며 떨어지게 된다. 이 낙하하는 가스는 블랙홀 주변에서 팬케이크 같은 모양을 만들면서 회전하게 되는데 이것을 강착원반(accretion disk)라고 한다.

2019년 천문학자들은 지구 전역에 깔린 망원경을 모두 동원하는 사건의 지평선 망원경 프로젝트(Event Horizon Telescope)를 통해 우리 은하와 거대 타원 은하인 M87의 중심을 들여다 보았다. 그리고 그 속에 숨어 있던 초거대 블랙홀을 포착할 수 있었다. 사건의 지평선 망원경으로 강한 중력에 의해 주변 물질들을 빨아들이며 밝은 강착원반을 두른 채 빠르게 자전하는 블랙홀 주변 영역의 모습이 관측된 것이다. 이제 블랙홀은 상상에서만 존재하는 것이 아닌 실재하는 것임을 알게 되었고 이 관측 결과에 2020년 노벨물리학상이 주어졌다.

M87

8. 하루는 왜 24시간일까?

너무나 당연하다고 생각하는 것에 우리는 질문을 잘 하지 않는다. 하늘은 왜 파란 것일까? 석양의 노을은 왜 빨간색일까? 이런 문제를 우리는 그저 받아들이는 경우가 대부분이다. 하지만 깊이 생각해 보면 자연에는 심오한 진리가 들어 있기 마련이다.

하루는 왜 24시간일까? 이제까지 15년 넘게 물리학을 가르쳐 왔지만 이러한 질문을 받아본 적은 없었다. 학생들이 어릴 적부터 너무나 당연하다고 생각해 왔기 때문이다.

하루가 24시간으로 나뉘는 이유는 우리의 생활과 가장 관계있는 태양의 활동과 관련되어 있다. 하루의 시작과 끝이 태양을 기준으로 결정되어 왔기 때문이다. 그런데 하필이면 왜 24시간일까? 그것은 하루에 태양이 우리를 기준으로 원을 한 바퀴 돌고 있는 것과 관계된다. 즉 하루가 24시간으로 나눈 것은 원의 분할과 관련이 있는 것이다.

누가 하루를 24시간으로 처음 나눈 것일까? 그것은 알 수가 없다. 너무나 오래전부터 그러한 것을 사용해 왔기 그에 대한 기록도 남아 있지 않기 때문이다.

아주 오래전부터 이러한 것을 사용해 왔기 때문에 많은 사람이 편하게 사용할 수 있기 위하여 그러한 것을 결정한 것은 너무나 당연하다.

원을 분할 할 때 몇 도로 나누는 것이 가장 편할까? 사실 24로 나누었다는 것은 수학의 24진법이라 할 수 있다. 하지만 우리는 흔히 24진법에 익숙하지 못하다. 그럼에도 불구하고 24로 나눈 이유는 그것이 결국 우리에게 더 편할 수밖에 없기 때문이다.

만약 우리가 10진법이 편하다고 하여 원을 10으로 분할한다고 가정해 보자. 원의 둘레는 360도이므로 10으로 나누어 버리면 우리는 360도를 10으로 나눈 36도로 작도하고 계산해야만 한다. 36도가 기본 단위가 된다면 이는 사용하기에 너무나 불편한 결과만 초래하므로 아예 그렇게 나누지 않는 것이 낫다.

일상생활에서는 누구나 편하게 사용하는 것이 가장 이상적인 것이다. 세종대왕이 훈민정음을 만든 목적이 무엇일까? 오로지 우리 백성 누구나 편하고 쉽게 글씨를 쓸 수 있도록 하기 위함이었다. 여기에 세종대왕과 한글의 위대함이 존재하는 것이다.

원을 분할할 때 사용하기 편한 분할각은 얼마일까? 360도 이기 때문에 60도나 30도 또는 15도로 분할하는 것이 우리가 사용하기에는 가장 편하다. 그리고 이러한 것 중에 하나를 고르면 게임은 끝나는 것이다. 하루 360도를 60으로 나누면 6개, 이것은 시간 간격이 너무 크다. 하루에 6개의 분할된 시간밖에 존재하지 않기 때문이다. 30으로 나누면 12개, 이것은 어느 정도 받아들일 만하다. 조선 시대 우리 선조들이 십이지인 자축인묘진사오미신

유술해를 이용해 하루를 12시간 간격으로 나눈 것이 바로 이런 이유 때문이었다. 하지만 12시간 분할을 사용하다 보면 그것도 시간 간격이 생각보다 너무 크다는 것을 느낀다. 그래서 360도를 15도로 나눈 24시간이 우리가 가장 편하고 쉽게 사용할 수 있기에 그렇게 나누었던 것이다.

그럼 한 시간을 왜 60분으로 나누었을까? 그것은 60이라는 숫자가 많은 약수를 포함하고 있기 때문이다. 60은 1, 2, 3, 4, 5, 6, 10, 12, 15, 20, 30, 60이라는 우리가 사용하는 숫자 중에 많은 약수를 포함하고 있기에 사용하기 너무나 편리할 수밖에 없다. 만약 한 시간을 10으로 나누면 약수는 1, 2, 5, 10밖에 되지 않으므로 사용하기가 여간 불편한 것이 아니다.

우리 일상생활에서 너무 당연한 것 같아 보이는 것도 그만한 이유가 다 존재한다. 이것은 바로 자연과 함께 살아가야 하는 인간의 선택할 수 있는 최고의 선택지이기 때문이다.

9. 일반 상대론은 어떻게 탄생했을까?–등가원리를 기초하여

만약 어떤 사람이 아주 높은 고층 건물에서 뛰어내려 자유낙하를 한다면 그 사람은 자신의 몸무게를 느끼지 못한다. 이와 비슷하게 아주 빠른 고속 엘리베이터가 정지했다가 가속적으로 빠르게 내려갈 때 우리는 몸무게가 감소하는 것처럼 느끼게 된다. 만약 우리가 아주 빠르게 올라가는 엘리베이터를 타면 몸무게가 증가하는 것처럼 느낄 수 있다. 이러한 것은 단지 우리의 느낌만은 아니며 실제로 저울로 측정을 해보아도 몸무게의 변화가 생기는 것을 쉽게 관찰할 수 있다.

공기의 저항 없이 자유낙하를 하는 엘리베이터인 경우에는 우리의 몸무게를 전혀 느낄 수 없게 된다. 비행기를 타고 아주 높이 올라간 다음 갑자기 아래로 빠르게 떨어지면 그 순간 무중력 상태에 접근할 수 있다. 그 비행기 안에서 우리는 비행기 바닥으로부터 위로 붕 뜨게 된다. 실제로 우주 탐험을 하는 우주인들은 자신들이 지구 밖으로 가기 전에 이러한 무중력 훈련을 여러 차례 하게 된다.

이러한 것을 직접 관찰하기 위하여 과학 실험을 할 수 있는 필요한 모든 장치를 갖춘 창문 없는 실험실이 우주선 속에 밀폐되어 있다고 가정하자. 어느 날 어떤 한 물리학자가 잠을 자고 일어나 자신이 실험실에서 자신의 몸무게가 사라졌음을 깨닫는다. 이것은 모든 중력원에서 멀리 떨어져 정지해 있거나, 등속으로 공간을 움직일 때 혹은 그가 어떤 행성을 향하여 자유 낙하하는 경우에 가능하다.

알버트 아인슈타인이 상대성이론에서 생각한 가설은 그와 같은 물리학자가 무중력 공간에 떠 있는지, 중력장에서 자유낙하를 하고 있는지를 밀폐된 실험실에서는 알아낼 수가 없다는 것이었다. 이 두 가지 경우는 완전히 동등하기 때문에 아인슈타인은 이를 등가 원리(equivalence principle)라고 불렀다.

이 아이디어는 간단한 것 같지만 커다란 결과를 낳는다. 예를 들어 양쪽 절벽에서 바닥이 없는 아래로 동시에 뛰어내리는 한 소년과 소녀가 무슨 일이 일어날지 상상해 보자. 공기 저항을 무시한다면 떨어지는 동안 이들 두 사람은 똑같은 비율로 아래쪽으로 가속을 받고 아무런 외부의 작용을 느끼지 못할 것이다. 이들은 중력이 없을 때처럼 서로를 향하여 똑바로 공을 던지며 주고받으면서 낙하할 수 있다. 공도 이들과 같은 비율로 떨어지기 때문에 항상 두 사람을 잇는 직선 위에 있을 수 있게 된다.

이러한 두 소년과 소녀 사이의 공 받기 게임은 지구 표면에서의 공 받기를 하는 것과 매우 다르다. 중력을 느끼며 자란 모든 사람은 일단 공을 던지면 공이 땅에 떨어진다는 것을 안다. 따라서 다른 사람과 공 받기를 하려면 상대방이 공을 잡을 때까지 공이 원호를 따라 앞으로 움직이면서 올라갔다가 내려가도록 위쪽 방향으로 조준을 해서 던져야 한다.

이제 자유 낙하하는 소년과 소녀 그리고 공을 그들과 함께 떨어지는 아주 큰 상자 안에 고립시켰다고 가정해 보자. 이 상자 안에 있는 누구도 어떤 중력을 느끼지 못한다. 만약 이 소년과 소녀가 공을 놓아 버린다 해도 공은 상자의 밑이나 그 외에 어느 곳으로도 떨어지지 않고, 어떤 운동이 주어졌느냐에 따라 그 자리에 머물러 있거나 직선으로 움직인다.

지구를 선회하는 우주선을 타고 있는 우주인들은 자유낙하 상자 안에 갇힌 것과 같은 환경에서 생활을 한다. 궤도를 도는 우주 왕복선은 지구 둘레를 자유 낙하하고 있다. 자유 낙하 하는 동안 우주인들은 중력이 없는 세계에 사는 것과 마찬가지이다. 어떤 물체를 던지면 그것은 일정한 속도로 가로질러 움직이게 된다. 공중에 놓인 물체는 아무런 힘이 작용하지 않는 한 그 자리에 머물러 있게 된다.

우주 왕복선이나 우주인들은 중력에 이끌려 지구 주위에서 계속 떨어지고 있다. 왕복선, 우주인, 물체가 모두 함께 떨어지기 때문에 왕복선 안에 중력이 없는 것처럼 보이는 것일 뿐이다.

우주인들에게는 지구 주위를 낙하하는 것이 모든 중력의 영향 하에서 멀리 떨어진 우주 공간에 있는 것과 똑같은 효과를 나타내는 것이다. 등가원리의 가장 대표적인 예라 할 수 있다.

아인슈타인은 등가원리가 자연의 기본 성질이며 우주선 내에서 무중력이 아주 먼 우주 공간에 떠 있기 때문에 생긴 것인지 아니면 지구와 같은 행성의 부근에서 자유낙하로 인해 생긴 것인지를 구분하는 실험을 우주인들은 할 수 없다고 생각했다.

이번에는 빛으로 이러한 실험을 한다고 가정해 보자. 빛이 직진하는 것은 일상에서 볼 수 있는 가장 기본적 관찰이다. 모든 중력원에서 멀리 떨어진 빈 공간을 우주 왕복선이 움직인다고 가정해 보자. 우주선의 뒤쪽에서 앞쪽으로 레이저 같은 빛을 보내면 빛은 직선을 따라 그 빛은 전면 벽에 도달한다. 만약 등가원리가 실제로 우주선에 적용된다면, 지구 주변의 자유낙하에서 수행되는 같은 실험에서도 정확히 같은 결과가 나와야 한다.

우주인들이 우주선의 긴 쪽을 따라 빛을 비춘다고 상상해 보자. 우주 왕복선이 자유낙하를 할 때, 빛이 후면 벽을 떠나 전면 벽에 도달하는 시간 동안 우주선은 조금 낙하한다. 이러는 동안 빛은 직선을 따라가지만, 우주선의 경로가 아래로 구부러진다면, 빛은 출발 때 보다 전면 벽의 더 높은 점을 때려야 한다. 즉 이 경우는 등가원리를 위배하게 된다. 즉 두 실험 결과가 다르게 나타난다. 이럴 경우 우리는 두 가지 가정 중에서 한 가지를 포기해야만 한다. 등가원리가 옳지 않거나, 빛이 항상 직진하지 않는다는 것이다.

이 상황은 어쩌면 아무것도 아닌 것 같아 보여도 여기서 바로 아인슈타인의 일반 상대론이 탄생하는 계기가 되었다. 사실 이같은 실험 가정은 웃기는 것 같아 보여도 아인슈타인은 달랐다. 그는 이 아이디어를 구체화해서 만약 빛이 때때로 직선 경로를 따르지 않는다면 무슨 일이 일어날지를 상상했던 것이다.

등가원리가 맞는다고 가정한다면, 빛은 우주선에서 출발한 점의 정반대 편에 도달해야 한다. 아이들이 공을 주고받을 때처럼, 빛이 우주선의 지구 선회 궤도에 있다면 우주선과 같이 낙하해야 한다. 그 경로는 공의 경로처럼 아래로 굽게 되며, 빛은 출발했던 지점의 정반대 쪽 벽면을 때리게 될 것이다.

이것은 그리 큰 문제가 아니라는 결론을 내릴 수도 있겠지만, 빛은 공과 다르다. 공은 질량을 가지고 있지만 빛은 그렇지 않다. 여기서 아인슈타인의 천재성이 발휘된 것이다. 그는 이러한 이상한 결과에 대한 물리적 의미를 깊이 있게 생각했다. 아인슈타인은 지구의 중력이 실제로 시간과 공간의 구조를 휘어버렸기 때문에 빛이 휘어져서 왕복선의 전면에 닿을 수 있는 것이라고 생각했다. 즉 시공간이 변할 수 있다는 것이다. 이러한 아인슈타인의 획기적인 아이디어는 빛이 빈 공간에서나 자유낙하에서 모두 같으며, 그동안 가장 기본적이고 절대적이라고 생각했던 시간과 공간에 대한 인류의 너무나도 당연했던 개념을 완전히 바꿔야 했다. 이것이 바로 뉴턴의 절대 시공간이 무너지고 상대적인 시공간을 기초로 하는 일반상대성 이론이 탄생하게 된 계기였던 것이다.

당연하다고 생각되는 것이 당연하지 않을 수도 있다. 또한 아무리 어려운 과학이론이라 할지라도 그것이 형성되는 기본 바탕은 기본적인 것에서 시작되는 경우가 많다. 그것을 구체화하느냐 못 하느냐가 성패의 갈림길일 뿐이다.

10. 사건 지평선-블랙홀의 경계

지구 중력의 인력을 벗어나기 위해서는 로켓이 지구 표면에서 아주 빠른 속력으로 발사되어야 한다. 만약 그 속도가 11km/s를 넘지 못하면 그 로켓은 다시 지구로 돌아오게 된다. 이러한 탈출 속도보다 큰 속도로 발사된 물체만이 지구를 떠날 수 있다.

태양의 경우에는 어떨까? 태양의 인력으로부터 벗어나기 위해서는 그 탈출 속력이 약 618km/s가 되어야 한다. 서울에서 부산까지 가는 데 1초도 안 걸리는 속도여야 한다. 태양을 압축시켜 지름을 줄이게 되면 어떻게 될까? 중력적 인력은 질량과 중심으로부터의 거리와 관계된다. 태양이 압축된다면 질량은 같지만 표면의 한 점에서 중심까지의 거리는 줄어들 수밖에 없다. 별을 압축하면 수축하는 표면에 놓여 있는 물체에 작용하는 중력은 더욱 강해진다.

태양이 수축해서 지름이 100km 정도 되면 그 중력적 인력을 벗어나기 위해서는 탈출 속력이 광속의 절반 정도가 되어야만 가능하다. 태양의 지름을 점점 더 작게 계속해서 압축을 하면 탈출 속력은 광속을 넘어야 가능하게 된다. 빛의 속도보다 빠른 것은 불가능하기에 이를 의미하는 바는 이러한 상황에서는 빛도 탈출을

할 수 없다는 결론이 나올 수밖에 없다. 즉 이렇게 큰 탈출 속력을 갖는 천체는 빛을 방출할 수도 없으며 그 곳에 떨어진 그 어떤 것도 그 별의 중력으로부터 벗어나 빠져나올 수가 없게 된다.

일반 상대성이론에서는 중력을 시공간의 곡률로 이해한다. 중력이 증가하면 곡률은 더 커지게 된다. 만약 태양의 지름이 약 6km 정도로 줄어들면, 표면에서 수직으로 내보낸 빛만 이탈하게 된다. 다른 방향의 빛은 다시 되돌아가서 태양으로 떨어지게 된다. 만약 태양이 이보다 더 줄어들게 된다면 그 어떤 빛도 빠져나올 수가 없다.

중요한 것은 중력이 빛을 잡아당기는 것이 아니라는 사실이다. 중력은 시공간을 휘게 만들고, 빛은 그 휘어진 경로로 이동할 수밖에 없는 것이다. 이렇듯 빛이 빠져나오지 못하는 상황이 되는 중력적으로 붕괴된 별이 바로 블랙홀이다. 아무것도 빠져나오지 못하게 되면서 모든 것은 블랙홀에 갇히게 된다.

별의 기하학적 구조는 탈출 속력이 광속과 같아지는 바로 그 순간에 외부 세계와는 단절될 수밖에 없게 되고 이 순간의 별의 크기는 사건 지평선(event horizon)이라고 부르는 표면으로 결정된다. 이 지평선 아래로는 어떤 일이 일어나는지 우리는 전혀 알 수 없게 되는 것이다.

사건 지평선은 블랙홀의 경계로 별 전체가 그 안으로 붕괴되면 더 이상 작아지지 않는다. 사건 지평선은 그 속에 갇혀 있는 것과 그 외부의 우주를 격리하는 영역이다. 무엇이든지 한번 밖에서 안으로 들어오면 그 안에 갇히게 된다. 지평선의 크기는 그 안에 존재하는 별의 질량에 의존하게 된다. 우리 태양의 질량인 경우 사건 지평선의 반지름은 약 3km 정도로 계산이 된다. 우리가 살고 있는 지구의 반지름은 약 6,400km 정도 된다. 만약 우리 지구가 별이라고 가정하고 블랙홀이 되려면 지구의 반지름은 포도 한 알 정도인 반지름 1cm 정도로 현재의 질량과 밀도를 유지한 채 줄어들어야만 가능하다.

우주 공간에 이러한 블랙홀이 정말 존재할 수가 있을까? 2020년 노벨물리학상은 우리은하에서 거대 질량의 블랙홀이 존재하는 것을 발견한 업적에 주어졌다. 블랙홀은 상상 속에 있는 것이 아니다. 우리가 살고 있는 이 우주 공간에 존재하고 있다. 자연은 우리가 상상하는 것보다 훨씬 엄청난 비밀을 간직하고 있다. 과학이 많이 발전했다 하더라도 우리가 알고 있는 것은 극히 일부에 불과할 뿐이다.

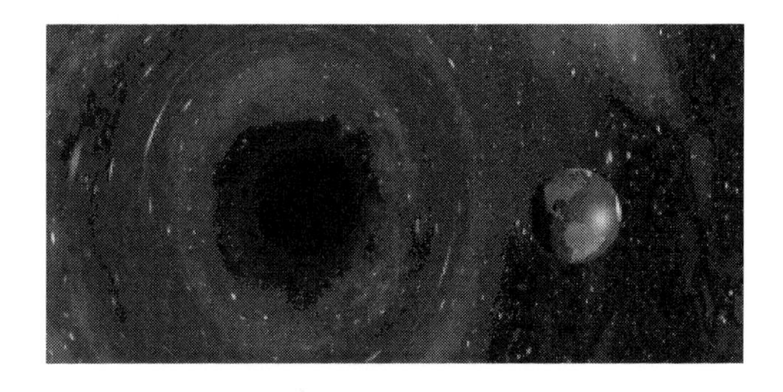

11. 힘은 어떻게 전달될까?

사람 간에 의사를 전달하기 위해서는 이를 가능하게 해주는 무언가가 필요하다. 예를 들어 언어를 통해 서로의 의사를 주고받을 수 있고, 손짓이나 얼굴 표정으로도 어느 정도 가능하다. 이렇듯 서로 간의 소통을 위해서는 이를 매개해 줄 수 있는 매개체가 있어야 한다.

자연에 존재하는 힘에 있어서도 마찬가지이다. 힘이 전달되기 위해서는 이를 가능하게 해주는 힘의 전달자가 필요하다. 가장 대표적인 힘으로 만유인력 즉 중력 상호 작용을 생각해 보자. 중력은 우리에게 알려진 네 가지 힘, 즉 중력, 전자기력, 강한 상호 작용, 약한 상호 작용 가운데 제일 힘의 세기가 약하다.

중력이 전달되기 위해서는 중력자 흔히 그래비톤(graviton)이라는 것이 있어야 한다. 그런데 중력이 아무리 작다고 할지라도 이를 전달하기 위해서는 중력자 수십억하고도 또 수십억 개가 참여한다. 중력자의 효과는 집단적으로 경험할 수 있을 뿐 중력자 하나는 경험할 수 없다.

비록 중력이 약하다 할지라도 우리가 이를 느낄 수 있는 것은 중력은 늘 인력으로만 작용하고 있기 때문이다. 이로 인해 가장 약하다는 중력이 우리를 지구 위에서 생활할 수 있도록 해주며 지구가 태양 주위를 돌 수 있는 것이다. 만약 중력이 전기력처럼 인력과 척력이 존재한다면 우리가 현재 겪는 일상생활은 불가능하게 된다.

중력 다음으로 약한 힘은 약한 상호 작용인데 이것은 방사능 핵에서 전자가 방출될 때나 기타 중성미자를 동원하는 다양한 변환을 일으킨다. 이러한 약한 상호 작용을 전달해주는 전달자는 W입자와 Z입자이다. 이들은 양성자보다 약 80배 무거운 입자들이다.

이탈리아 과학자 엔리코 페르미는 1934년 베타 붕괴 이론을 연구할 때 양성자, 중성자, 전자, 중성미자 사이에 직접 약한 상호 작용이 일어날 것이라고 생각했다. 하지만 이후 얼마간 물리학자들은 하나 이상의 매개 입자가 과정에 관여할 것이라고 추측했다. 중성자가 중성자인 순간, 중성자가 사라져서 양성자, 전자, 반중성미자가 등장하는 순간 사이의 아주 짧은 시간에 존재하는 입자가 있다고 생각했다. W입자와 Z입자는 1983년 제네바에 있는 유럽 입자물리연구소에서 발견되었다.

전자기 상호 작용을 매개하는 입자는 바로 광자이다. 1905년 아인슈타인이 광자를 연구한 이래 물리학자들은 광자를 전자 및 양전자와 연결하여 양자전기역학이라는 이론을 만들어 냈다. 광자는 질량이 없고 크기도 없는 기본 입자로서 전자기력의 전달자의 역할을 도맡아 하고 있다.

일본인 과학자 유카와 히데키는 매개 입자의 덩치가 클수록 매개 입자가 힘을 미치는 영역이 작아진다는 것을 알아냈다. 따라서 매개 입자가 점점 커지면 커질수록 그 힘은 점점 약해지며 그 힘이 미치는 범위는 점점 짧게 된다. 1970년대 압두스 살람, 스티븐 와인버그, 셸던 글래쇼우는 약한 상호 작용과 전자기 상호 작용은 한 상호 작용이라는 아이디어를 제안했다.

이들은 두 상호 작용의 핵심적 차이는 힘 전달자의 속성 차이일 뿐이라고 주장했다. 전자기력은 먼 범위까지 미치는 것은 전달자가 질량이 없는 광자이기 때문이다. 약한 상호 작용은 짧은 범위에 미치고 상대적으로 약하므로 그 힘의 전달자가 굉장히 커야 한다. W입자와 Z입자의 발견이 이들의 이론이 맞음을 확인시켜 주었다.

강한 상호 작용에서의 힘의 전달자는 바로 글루온이다. 전기적 전하는 띠고 있지 않지만 기묘한 조합의 색 전하를 가지고 있다. 예를 들어 파랑-반빨강, 빨강-반초록 등과 같이 색-반색이라는 특이한 여덟 가지 종류의 조합이 존재한다. 글루온과 상호 작용하는 쿼크는 그때마다 색이 변한다.

글루온의 강한 힘에는 아주 놀라운 측면이 있는데, 중력이나 전자기력과는 다르게, 글루온의 인력은 거리가 멀어질수록 증가한다. 글루온은 쿼크나 다른 글루온이 경계를 벗어나지 못하게 감시하며, 멀어질수록 세지는 힘을 통해서 어떤 입자도 밖으로 나가지 못하도록 한다. 반대로 말한다며 이들은 가까워질수록 자유

롭다. 이를 점근적 자유성이라고 한다. 우리 사람들은 대부분 가까워질수록 자유롭게 내버려 두지 않고 서로 더욱 구속하려고 하는 경우가 많은데 이와는 반대인 것이다.

12. 중첩과 얽힘

파동에는 중요한 성질이 있다. 파장이 다른 파동들끼리 중첩이 일어나면 이 중첩으로 인해 파동이 국소화된다. 프랑스의 물리학자 드 브로이는 파장이 운동량과 연결되어 있음을 알려주는 드 브로이 방정식을 만들어 냈다. 드 브로이 방정식은 파장은 플랑크 상수를 운동량으로 나눈 것과 같다는 식이다. 즉, 드 브로이 방정식은 $\lambda = \frac{h}{p}$ 같이 표현된다.

이는 특정 파장에 대해서는 특정한 운동량이 있다는 의미이다. 그렇다면 파장들을 중첩한 것은 운동량을 중첩한 것과 같다. 이는 수소 원자 속 전자의 단일 운동 상태라는 것은 사실 서로 다른 운동량들을 갖는 서로 다른 상태의 혼합이라 볼 수 있다.

고전 이론에서는 핵을 도는 전자는 매 순간 정확한 에너지와 정확한 운동량을 갖는다. 운동량이 순간순간 변하는 것은 괜찮지만, 운동량이 동시에 두 가지 이상의 값이라는 것은 고전 역학에서는 상상할 수가 없다. 하지만 현대 양자 이론에 따르면 입자나 핵이나 원자의 운동 상태는 다른 상태들의 중첩으로 간주될 수 있다.

같은 원자에서 측정을 여러 번 반복하면, 다양한 결과를 얻을 수 있다. 특정 결과가 나올 확률은 여러 운동량이 혼합된 방식에 따라 결정된다. 운동량마다 다른 진폭을 가지고 있고, 진폭의 제곱은 그 운동량이 측정될 확률을 나타낸다. 중요한 것은 중첩이란 전자가 이 운동량이 아니면 저 운동량을 갖고 있을 텐데, 그것 중 어느 것이 모르겠다는 뜻이 아니라 모든 운동량을 동시에 가질 수 있다는 뜻이다.

예를 들어 한 전자의 스핀이 동쪽을 향하고 있다고 가정하자. 보통 전자의 스핀은 위 아니면 아래 둘 중 하나라고 이야기한다. 하지만 사실 반대되는 두 방향이라면 상관 없다. 전자 스핀이 동쪽을 향한다면, 서쪽을 향하지 않는다는 뜻이다. 전자의 스핀 방향은 정해져 있다. 전자가 동쪽을 향하는 스핀을 가졌다는 것은, 한정된 상태에 있다는 말이다. 하지만 이 상태는 모든 양자 상태들이 그렇듯이, 다른 상태들의 중첩으로 표현될 수 있다.

입자나 핵이나 원자 또는 어떠한 양자계의 단일한 상태는 동시에 둘 이상의 다른 상태들의 중첩과 같다. 이러한 양자적 혼합에서 부분들이 섞이는 모습은 한데 어울리는 것이라고 표현해야만 한다. 계가 방해받지 않고 측정되지 않는 한, 이러한 어울림은 계속된다. 우리가 계를 관찰하는 순간, 혼합 속의 한 요소가 떠오르고, 다른 요소는 사라지는 것이다. 어느 요소가 나타날지는 확률에 따를 뿐이다.

중첩이 공간상으로 떨어진 둘 이상의 계에 일어난 경우를 얽힘이라고 한다. 반대 방향으로 날아가는 두 광자의 상태는 얽혀 있다. 중첩된 두 계는 사실 단일 한 계이기 때문이다. 이론적으로 따진다면 단일 원자의 두 가지 중첩된 상태와 중첩된 두 개의 원자들 사이에는 차이가 없다.

동시에 두 방향의 스핀을 가질 수 있는 전자와 같은 계를 큐빗(qubit)이라고 한다. 연산의 기본 단위인 2진법 비트와 유사하다. 하지만 중요한 차이점은 고전적인 비트는 켜지거나 꺼지거나, 0이거나 1이거나 해서 둘 중 하나일 뿐 동시에 두 가지일 수는 없다. 큐빗은 중첩으로 인해 켜지는 것과 꺼지는 것, 0과 1의 혼합으로 존재할 수도 있다. 더군다나 양쪽이 동등한 혼합일 필요도 없다. 예를 들어 큐빗은 80%는 위, 20%는 아래일 수 있다. 그러므로 이론적으로 말하면 큐빗은 비트보다 엄청나게 많은 정보를 저장할 수 있게 된다. 이것은 양자 연산과 양자 컴퓨터라는 분야로 발전하였다.

가족끼리 아무리 멀리 떨어져 살아도 그들의 삶이 서로 얽혀 있는 것도 이러한 양자적 얽힘이라 할 수 있을 것이다. 어느 정도로 중첩되며 어디까지 얽혀 있는지가 중요할 뿐이다. 또한 어떻게 얽히는 것인지도 중요하지 않을 수가 없다. 따라서 자연이나 인간의 삶의 원리는 같을 수밖에 없는 것이다.

13. 핵붕괴의 비밀

19세기 후반 베크렐은 오랜 연구 끝에 어떤 원소들은 스스로 활성화되어 방사선을 방출한다는 사실을 알아냈다. 또한 이러한 방사선은 지속적으로 조금씩 나오는 것이 아니라 갑작스럽게 폭발처럼 방출된다는 것을 밝혀냈다. 이러한 방사선 방출에서 나오는 에너지는 화학 반응에 참가한 단독 원자가 내어놓는 에너지보다 훨씬 컸다. 핵이 이러한 갑작스러운 변화를 핵붕괴라고 한다. 핵은 어떤 계획된 과정에 따라 붕괴하는 것이 아니라 확률적으로 예측 가능한 어떤 한순간에 붕괴를 일으킨다. 알파 붕괴나 베타 붕괴를 겪은 핵은 방사선 핵일 수도 있고 아닐 수도 있다.

헬륨의 원자핵을 알파 입자라고 부르는데 핵이 알파 입자를 방출한다는 것은 커다란 핵 덩어리에서 작은 부스러기가 떨어져 나온다는 것과 같다. 보통 알파 입자가 떨어져 나오기까지에는 수백만 년, 아니면 수십억 년까지 걸린다. 어떻게 해서 알파 입자는 어미핵 속에서 그토록 오래도록 기다리는 것일까?

러시아 출신의 물리학자 조지 가모브와 미국의 물리학자 에드우드 콘돈은 이에 대한 해답을 찾아냈다. 그들에 의하면, 고전 이론으로는 알파 입자가 어미핵에서 튀어나오는 현상을 절대 해석할 수 없다고 했다. 왜냐하면 알파 입자를 붙잡고 있는 강한 핵력이 너무 크기 때문이다.

그들은 당시 새로운 물리 이론인 양자역학을 이용하여 알파 입자는 어미핵을 소위 '터널링' 하여 나올 수 있다고 주장했다. 즉, 알파 입자는 아주 작은 확률을 가지고 투과가 불가능한 커다란 장벽을 소위 터널이 있는 것처럼 통과하여 어미핵으로부터 나올 수 있다는 것이었다.

감마 붕괴란 들뜬 상태에 있는 원자핵이 에너지가 아주 큰 전자기파인 감마선을 방출하면서 더 낮은 에너지 상태로 되는 것을 말한다. 감마 붕괴는 알파 붕괴나 베타 붕괴처럼 핵의 종류나 원자번호, 질량수는 변하지 않는다. (알파 붕괴란 어떤 핵이 헬륨의 원자핵인 알파 입자를 방출하면서 원자번호는 2, 질량수는 4가 줄어드는 핵붕괴이고, 베타 붕괴는 원자핵의 중성자가 양성자로 변하면서 베타 입자라 불리는 전자가 방출되는 핵붕괴이다.

처음에 감마 붕괴가 발견되었을 당시에는 어떻게 에너지 상태가 더 낮은 상태로 변화될 수 있는지 의문이었으나 감마 붕괴의 정체가 높은 진동수의 전자기 복사 방출이라는 사실을 알아낸 후 그 비밀이 벗겨질 수 있었다.

원자 내의 대전 된 전자들이 한 양자 상태에서 다른 상태로 뛰면서 빛을 방출하듯이, 핵 속의 대전 된 양성자들도 같은 일을 할 수 있다. 양성자는 전자보다 더 높은 진동수로 진동하고 양자 도약의 에너지 규모도 크기 때문에 양성자가 방출하는 빛은 전자가 방출하는 빛보다 진동수가 더 높을 뿐이다. 그 빛이 바로 감마선인 것이다. 즉, 핵의 양자 도약을 통해 생성된 광자는 원자의 양자 도약을 통해 생성되고 방출된 광자보다 에너지가 크고 진동수도 높다.

핵에서 전자가 튀어나오는 베타 붕괴 역시 당시에는 여러 가지 이유로 이해하기 힘들었다. 전자가 방출 직전에 어떤 형태로 핵에 붙들려 있는지 알 수가 없었다. 양자역학에 의하면 전자는 핵 속에 가두어 둘 수 없다. 전자가 핵 속에 있다면 확실한 위치를 가질 수 있다는 뜻이다. 하지만 하이젠베르크의 불확정성 원리에 의하면 위치의 불확정성이 작을수록 운동량의 불확정성은 커진다. 따라서 전자는 커다란 운동 에너지를 갖게 되며, 핵 밖으로 튀어 나갈 수밖에 없게 된다.

이해할 수 없는 또 다른 이유는 어떤 종류의 방사성 핵에서 나오는 전자들은 에너지가 일정하지 않았다. 에너지 평균을 내어보니 붕괴 과정에서 핵이 잃는 에너지보다 작았다. 에너지 일부가 눈에 보이지 않는 형태로 존재하거나, 에너지 보존 법칙이 성립하지 않는다는 뜻이었다.

또 다른 이유는 베타 붕괴 전후 스핀에 대한 문제였다. 핵의 스핀을 측정해 보면 핵 속에 1/2 스핀 입자들이 짝수 개 들어 있는지, 홀수 개 들어 있는지 알 수가 있다. 예를 들어 1/2 스핀 입자를 홀수 개 지닌 핵이 전자 하나를 방출하면, 뒤에 남아 있는 딸핵은 전자 하나만큼 줄어들었으니 1/2 스핀 입자들을 짝수 개 가지게 된다. 하지만 실험 결과, 어미핵의 1/2 스핀 입자 수가 홀수이면 딸핵도 홀수였고, 어미핵이 짝수이면 딸핵도 짝수였다.

이러한 비밀을 풀어내기 위해 1930년 볼프강 파울리는 스핀이 1/2이고 질량도 작지만 전기적으로 중성이고 눈에 보이지 않는 미지의 입자가 전자와 함께 방출된다는 가정을 해보았다. 파울리의 주장이 있은 후 1932년 채드윅은 핵 속에 있는 진짜 중성자를 발견하였고, 이탈리아 물리학자인 페르미에 의해 파울리가 제안한 중성미자의 존재도 확실해졌다. 이것이 바로 전자 중성미자이다.

페르미는 방사성 붕괴가 일어날 때 방사성 핵 속에서 전자가 탄생하며 이때 중성미자가 생겨나고 즉시 둘은 핵으로 방출된다고 제안했다. 이로 인해 베일에 싸여 있었던 베타 붕괴의 비밀을 풀어낼 수가 있었다. 그리고 1956년 미지의 입자라 알려진 중성미자가 직접 관찰되었다. 이렇게 핵붕괴의 비밀은 전부 해결되었던 것이다.

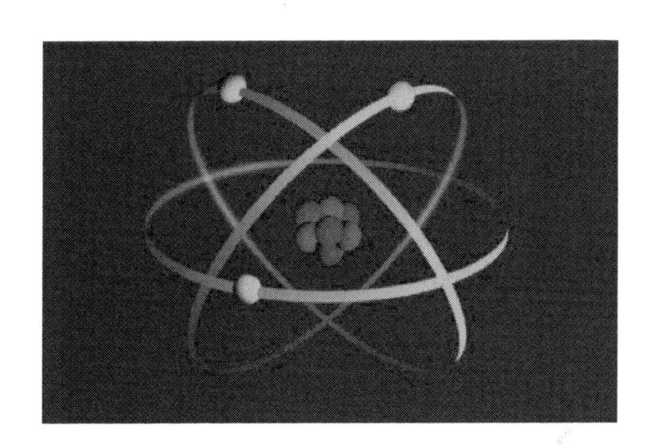

14. 블랙홀은 어떻게 증발할까?

중력적으로 붕괴된 별인 블랙홀은 그 중력이 너무 커서 빛조차 빠져나올 수가 없다고 알려져 있었다. 하지만 1974년 혜성같이 등장한 영국의 스티븐 호킹은 블랙홀에서도 무언가가 빠져나올 수 있다는 획기적인 아이디어의 논문을 발표한다. 당시 그의 나이 32세였다.

호킹은 양자 이론을 적용하여 블랙홀을 연구하였는데 그의 계산 결과에 따르면 블랙홀은 모든 질량을 복사로 방출하면서 서서히 증발할 수도 있을 것이라 주장하였다. 우리가 물을 끓이면 온도가 올라가면서 물이 수증기로 증발해 버리는 것과 비슷하게 블랙홀은 그 상태에 따라 질량을 증발해 버린다는 것이었다.

이에 앞서 미국 프린스턴 대학의 존 휠러 교수는 자신의 대학원생이었던 베켄슈타인에게 방안의 커피잔을 책상 위에 두면 뜨거운 커피의 열이 방으로 전달되면서 무질서도를 증가시키지만 이것을 블랙홀에 떨어뜨리면 무질서도가 어떻게 될지 연구해보라고 하였다. 이에 베켄슈타인은 블랙홀 자체도 무질서도를 가지고 있기에 뜨거운 커피잔을 블랙홀에 놓아도 우주의 무질서도는 증가할 것이라고 계산하였다.

호킹은 이러한 베켄슈타인의 계산을 처음에는 믿지 않았지만, 연구해 볼 가치가 있을 것이라 생각했다. 그는 블랙홀 내에서도 무질서도가 증가한다면 어떠한 다른 일들이 벌어질 것인지를 연구하기 시작했다. 만약 블랙홀에 무질서도가 존재한다면, 온도가 있다는 뜻이고, 그렇다면 복사의 형태로 방출해야 할 것이다. 하지만 블랙홀에서 아무것도 탈출할 수가 없다면 그 복사는 어디로 가게 될 것인지 궁금했다.

이에 호킹은 진공에서 끊임없이 가상 입자들이 생성되었다가 소멸되는 현상이 답이 될 수 있을 것이라 직감했다. 예를 들어 전자와 양전자가 진공에서 탄생하면 그들은 재빨리 소멸된다. 하지만 그러한 입자 쌍이 블랙홀의 사건 지평선에서 탄생하면 어떻게 될까? 어떤 것도 벗어날 수 없는 블랙홀 안쪽 영역과 탈출이 가능한 바깥쪽 영역의 경계 바로 위에서 탄생하게 된다면 두 입자 중 하나는 블랙홀로 빨려 들어가고 다른 하나는 밖으로 날아갈 가능성도 있을 것이다. 이를 다시 생각해 본다면 블랙홀 에너지 중 아주 작은 양이 탈출하는 입자에게 주어질 것이고, 입자는 질량을 가질 수 있기에 블랙홀의 질량은 약간 줄어들 수 있게 된다.

호킹의 계산에 의하면 무거운 블랙홀의 이러한 증발 속도는 아주 낮지만, 만약 수명이 끝나가는 블랙홀이라면 증발 속도가 굉장히 빠를 수 있다는 것을 알아냈다. 호킹은 이러한 방식으로 블랙홀에서 질량이 복사의 형태로 증발할 수 있을 것이라 주장했던 것이다.

이것이 바로 “호킹 복사(Hawking radiation)”이다. 이로 인해 호킹은 세계적인 주목을 받았고, 이후 블랙홀에 대한 많은 연구가 이루어졌다. 하지만 아직까지는 이것은 이론적 예측에 머물러 있고 실험적 관측은 발견되고 있지 않다. 많은 물리학자들은 호킹복사가 언젠가는 관측될 수 있을 것이라 예상하고 있다.

15. 별과 별 사이에는 무엇이 있을까?

별과 별 사이에 있는 모든 종류의 물질을 성간 물질이라고 한다. 성간 물질의 일부는 성운 또는 성간운이라 불리는 거대한 구름 덩어리 형태로 뭉쳐 있다. 우리에게 잘 알려진 성운 중에는 가시광을 방출하거나 옆에서 오는 별빛을 반사하는 것들이 있다. 성간운은 충돌하면서 깨지기도 하고 서로 달라붙어 자라기도 한다. 어떤 성간운에서는 별이 태어나기도 하는데 이때 태어난 별이 많은 양의 에너지를 방출하면서 성간운 물질을 사방으로 흩어버린다.

별들은 죽을 때 내부의 일부 물질을 성간 공간으로 방출한다. 죽어가는 별에서는 방출된 물질이 한데 모여 구름을 새로 만들고 그곳에서 다시 새로운 별이 탄생한다.

성간 공간을 차지하는 성간 물질 중 약 99%는 기체로 존재한다. 성간 기체에서 흔한 원소는 수소와 헬륨이다. 아주 작은 양이지만 성간에는 수소와 헬륨이외의 원소도 존재한다. 성간 기체의 상당 부분은 원자들의 결합한 분자의 형태로 존재한다. 나머지 1%는 고체로 존재한다. 수많은 원자와 분자들이 한데 달라붙어 미세한 고체 알갱이를 형성한다. 천문학에서 이런 미세 고체 입자를 성간 티끌 또는 성간 먼지라고 부른다.

성간기체를 성간 공간에 균일하게 흩어 놓게 되면 약 1세제곱센티미터의 공간에 수소 원자가 평균 한 개 정도 들어가는 셈이 된다. 성간 티끌의 밀도는 기체보다 훨씬 희박해서 1세제곱킬로미터에 수백에서 수천 개가 들어 있다. 티끌 하나의 크기는 0.1마이크로미터 정도 된다. 이러한 기체와 티끌은 성간 공간에 고르게 분포하지 않는다. 수증기가 지구의 대기에서 구름을 이루듯 성간기체와 티끌이 뭉쳐 여기저기서 불규칙하게 분포한다. 성간에서 밀도가 높은 영역을 '성간운'이라고 한다. 기체와 고체의 부피 밀도가 국지적으로 평균값의 천 배 이상인 고밀도의 성간운도 있다.

성간 물질의 밀도는 극히 낮지만, 물질이 차지하는 공간의 부피는 엄청나게 크므로 전체 질량은 결코 무시될 정도가 아니다. 우리 은하의 성간기체와 티끌의 총질량은 별들의 질량의 20%로 추산된다. 이는 성간 물질의 질량이 태양 70억개와 맞먹는다는 뜻이다. 성간 공간에는 별과 행성을 계속해서 만들어낼 충분한 양의 물질이 있는 셈이다.

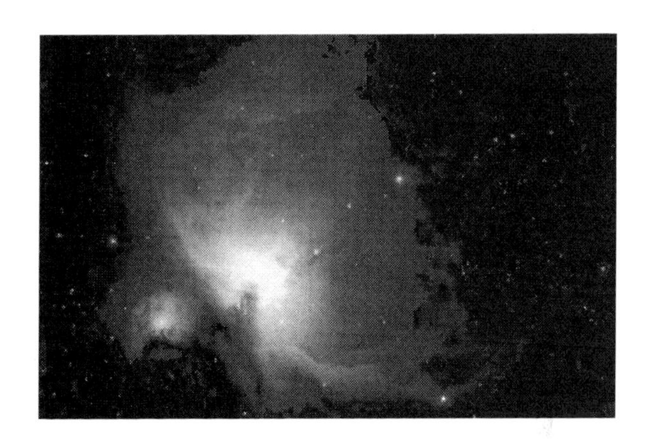

16. 별은 어떻게 탄생할까?

별은 어떻게 탄생하는 것일까? 우주 공간에는 그야말로 셀 수 없을 정도로 많은 수천억 개 이상의 별들이 있다. 이러한 별들은 도대체 어떻게 생기게 되는 것일까?

태초에 우주가 태어난 이후 시간이 흐르면서 밀도가 높은 영역은 점점 중력에 의해 주위의 물질을 끌어들여 수소와 헬륨으로 구성된 커다란 구름 덩어리를 만드는데 이를 성운이라고 한다.

하나의 구름에서 물질은 수많은 작을 것으로 쪼개지며 중력과 냉각으로 개개의 구름이 수축하게 되면 물질의 상호 충돌이 잦아져서 어느 순간 구름은 고온, 고밀도의 환경에 놓이게 된다. 따라서 각 구름의 중심부는 엄청난 고온, 고밀도에 놓인다. 이러한 환경에서 전자는 원자에서 탈출하여 양전하를 띤 핵과 음전하를 띤 전자의 플라즈마가 형성된다. 만약 처음의 구름의 크기가 크다면 핵융합이 일어날 만큼 핵들은 빠른 속도로 서로 충돌한다. 핵융합이 시작되면 성운에서 별이 탄생하게 된다.

핵융합은 에너지가 큰 광자와 엄청난 양의 열을 발산한다. 광자와 뜨거워진 입자는 중력에 거슬러서 바깥쪽으로 나가려고 한다. 따라서 별 내부에는 두 개의 상반되는 힘이 존재하게 된다. 중력은 입자들을 안으로 잡아당기지만, 핵융합 에너지는 입자를 밖으로 밀어내게 된다. 질량이 주어졌을 때, 이 두 힘의 균형이 별의 크기와 밀도를 결정한다. 평형 상태에 이르게 되면 고밀도의 중심부는 저밀도의 껍질에 둘러싸이게 된다.

거대한 성운에서 만들어진 최초의 별은 주위로 에너지를 발산하여, 성운의 가스를 덥히게 된다. 이렇게 뜨거워진 가스는 팽창하면서 압력과 밀도가 증가하게 된다. 하지만 최초의 별은 연료가 빨리 소진되면서 폭발하며 생을 마감하게 된다.

뜨거워진 가스는 주위를 감싼 성운 속으로 몰리면서 압력과 밀도를 더 높이는 충격파가 형성된다. 가스의 압력과 밀도가 임계점을 넘어서면, 분자 간의 중력이 입자를 한데 모을 정도로 강해진다. 이로 인해 다시 물질은 한곳으로 모일 수 있게 되고 또 다른 별이 탄생하는 것이다.

17. 사막은 어떻게 생기는 걸까?

일 년 동안에 평균 강우량이 250mm보다 적게 비가 내리는 지역에는 식물이 적거나 없게 되어 이러한 곳을 사막이라고 말한다. 사막은 지구의 극지방을 제외한 지구 표면의 약 25%를 차지하고 있기 때문에 지구 전체를 볼 때 결코 작은 면적이 아니다.

사하라 사막의 경우 그 면적은 무려 860만 제곱킬로미터에 해당한다. 우리나라 남한 면적의 86배에 해당하는 것이다. 길이로 따진다면 이집트의 나일강에서 시작해서 북아프리카 서쪽 끝까지 동서길이가 약 5,600km에 이른다. 서울·부산 거리의 12배가 넘는 거리이다.

미국에서 모하비 사막을 자동차를 타고 직접 건너본 적이 있는데 반나절 정도가 더 걸렸던 기억이 난다. 모하비 사막의 면적도 약 4만 제곱킬로미터에 해당하기에 남한의 절반에 가깝다. 모하비 사막은 캘리포니아 남동부, 네바다, 애리조나, 유타에 걸쳐 펴져 있다. 옛날 이 근처에 살고 있었던 인디언들이 바로 모하비 인디언이다.

자동차를 타고 가다 중간에 기름을 넣으려 주유소를 들렀는데 대기가 너무 뜨거워 숨을 쉴 수조차 없었다. 그 당시 기온은 아마 섭씨 45도에 육박했던 것으로 기억이 난다. 모하비 사막에는 지구상에서 가장 온도가 높았던 기록을 가지고 있는 지역인 데스 밸리(Death valley)가 있다. 일명 죽음의 계곡으로 길을 잘못 들면 살아서 나오기가 어렵다는 이유로 그렇게 이름이 지어졌다고 한다. 직접 데스 밸리를 들어가 보지는 못했지만, 그 근처의 프리웨이로 통과를 했는데 온통 주위가 검붉은색이었다. 보통 누런 사막의 색하고는 차원이 다른 색깔이었다. 자동차 앞 본네트를 깨끗이 닦고 달걀을 깨뜨리면 바로 달 걀 후라이 될 것 같은 느낌이었다.

생명체가 살기 힘든 이러한 사막은 어떻게 생기는 것일까?
지구에서 비와 눈은 지표면에 고르게 내리지 않는다. 이것이 결정적이다. 지구에서 가장 비가 많이 오는 곳은 하와이주에 있는 와이알레알레 지역으로 일 년 평균 강우량이 약 12,000mm 정도 된다. 우리나라의 약 10배에 해당하는 것이다. 반면 지구상에는 비가 거의 오지 않는 지역도 많다. 페루와 칠레에 걸쳐 있는 아타가마 사막은 10년 동안 한 번도 비나 눈이 오지 않은 기록도 있다.

지구의 모든 에너지원인 태양은 지구의 적도 근처에서 가장 곧게 비추므로 지구 표면 가까이에 있는 공기를 따뜻하게 한다. 이렇게 따뜻해진 공기는 적도 근처에 있는 바다에서 습기를 흡수하고 지구 표면 위로 상승하게 된다. 따뜻한 공기는 주변의 공기보다 밀도가 낮기 때문에 쉽게 상승할 수가 있는 것이다. 상승한 공기는 기압이 낮아짐에 따라 차가워진다. 이렇게 차가워진 따뜻할 때보다 물을 많이 포함할 수 없기 때문에 수증기는 서로 응축하여 비가 되어 내린다. 이로 인해 적도 부근에는 거대한 열대 우림이 생길 수밖에 없다.

적도 지방의 상승하는 공기는 습기를 잃어 건조해진 채 높은고도에서 북쪽과 남쪽으로 움직인다. 공기는 차가워지고 밀도가 높아지면서 북위 30도 남위 30도 위치에서 지구 표면을 향해 가라앉게 된다. 공기는 하강함에 따라 서로 압축되면서 온도가 상승한다. 따뜻해진 공기는 수증기를 더 많이 포함할 수 있게 된다. 그로 인해 땅 표면에 있는 물은 공기 중으로 증발하게 되는 것이다. 하강하는 공기가 물을 흡수하기 때문에 땅 표면은 건조해지고 비는 적게 내릴 수밖에 없다. 이것이 바로 지구에서 사막이 형성되는 가장 일반적인 이유이다. 지도를 보면 전 세계의 거대한 사막은 바로 이 지역에 위치하고 있다.

18. 힉스 입자

전자와 양성자, 중성자를 더 작게 쪼개면 어떠한 것들이 있을까? 미국 일리노이 주에 있는 페르미 가속기와 스위스 제네바에 있는 입자 가속기에서는 수많은 아원자 입자들이 발견되어 왔다. 이중에서 단연 돋보이는 것은 페르미 가속기에서 발견한 탑 쿼크(top quark)이다. 탑 쿼크란 이름이 붙은 것은 이 입자가 기본 입자들에서 가장 큰 질량을 갖고 있기 때문이다.   쿼크 3개가 결합하면 원자핵을 이루는 양성자와 중성자가 만들어진다. 한 줄기의 양성자 빔을 가속기로 가속시켜 표적에 충돌시키면 쿼크, 렙톤, 뮤온, 글루온, 보존 등의 여러 다른 입자들이 만들어진다. 6개의 쿼크와 6개의 렙톤으로 물질의 기본 구조를 설명하는 모형을 표준 모형이라고 한다.

힉스 입자도 이 모형에 포함되어 있다. 힉스 입자는 1964년 피터 힉스가 예언한 입자이다. 힉스는 표준 모형에 따라 기본 입자가 질량을 가지는 이유는 바로 이 입자 때문이라고 주장했다. 그는 이 입자를 흔히 신의 입자라고 불렀다.

힉스 입자는 전기적으로 중성이며 색전하도 없다. 이로 인해 전자기력이나 강한 상호작용은 느끼지 못하며 약한 상호작용을 통해 다른 입자들과 상호 작용을 한다.

역사적으로 볼 때 1940년대 말 전자기력을 양자역학적으로 이해하려는 양자전기역학이 발전했다. 이후 강한 상호작용과 약한 상호작용에 대한 연구도 이루어지기 시작했다. 또한 약한 상호작용과 전자기력을 통일하려는 노력이 있었는데 많은 어려움도 존재했었다. 약한 상호작용이 미치는 거리는 전자기력과 다르게 아주 짧았다. 이는 힘을 전달하는 입자가 존재해야 함을 뜻한다. 하지만 당시 힘을 전달하는 입자에 질량이 있으면 그 질량이 무한대가 나오므로 이 문제를 해결해야만 했다.

또한 양자전기역학의 중요한 이론인 게이지 이론에서는 힘의 전달 입자가 질량이 없어야만 한다. 그러므로 게이지 이론의 틀 안에서 약한 상호 작용을 설명한다고 해도 게이지 대칭성을 깨드리는 힘을 전달하는 입자에 질량이 생기도록 해야 한다.

1960년대 초 어떤 대칭성이 스칼라 장에 의해 자발적으로 깨지면 자동적으로 골드스톤 보존이라는 질량이 없는 입자가 생긴다는 사실이 알려졌다.

힉스와 다른 연구자들은 자발적 대칭의 깨짐이 일어나는 이론 중에서 게이지 대칭성이 있는 이론에서는 골드스톤 보존이 생기지 않고 게이지 장이 골드스톤 보존을 흡수하여 질량이 생긴다고 생각했다. 이것이 바로 힉스 메카니즘이다. 이러한 힉스 메카니즘 과정에서 대칭성이 깨어질 때 쿼크나 렙톤 등 기본 입자의 질량이 자연스럽게 생겨나고 대칭성을 깨는 스칼라 장은 일부는 게이지 장에 흡수되나 일부는 남아서 이것이 만들어내는 입자는 질량을 가지게 된다. 이 입자가 바로 힉스 입자인 것이다.

힉스의 예언 후 제네바에 있는 유럽 입자 가속기 연구소에서 무거운 힉스 보존이 존재한다는 증거들이 포착되기 시작했다. 그리고 마침내 2012년 유럽 입자 가속기 연구소에서는 이 힉스 입자를 최종적으로 발견하게 된다.

힉스 보존은 실질적인 입자라기보다는 오히려 전자기장에 가깝다. 전자와 쿼크가 힉스장(Higgs field)을 통과할 때 이들 아원자 입자에 저항력이 발생하면서 질량이 생긴다. 힉스 입자는 다른 기본 입자가 힉스 메커니즘을 통해 질량을 갖게 되는 과정에서 입자로서 표준 모형의 이론적 구조를 완성하는 데 가장 중요한 역할을 하기에 신의 입자라 불렸던 것이다. 힉스는 이 공로로 2013년 노벨 물리학상을 수상한다.

19. 최초의 핵폭탄과 아인슈타인의 편지

1942년 8월 미국 뉴욕 맨해튼에 소재하고 있던 미 육군 지부에는 인류 최초로 원자로를 개발한 페르미를 비롯한 당대 최고의 물리학자들이 비밀리에 모였다. 이 모임을 책임지고 있던 자는 당시 미국 루스벨트 대통령의 비밀 지령을 받은 미 육군 준장 레슬리 그로브스(Leslie Groves)였다. 루스벨트는 그로브스에게 영국과 캐나다의 지원 아래 핵에너지를 군사적으로 개발하라는 일급 비밀 명령을 내렸던 것이었고 이에 그로보스는 가장 핵심적인 인물을 먼저 맨해튼으로 소집했었던 것이다.

루스벨트 대통령이 이러한 결정을 할 수 있게 된 것은 아인슈타인과 페르미를 비롯한 과학자들이 보낸 편지가 결정적 역할을 하게 된다. 아인슈타인은 자신의 상대론에서 유도된 질량 에너지 등가 원리가 만약 당시 발견되었던 핵분열에 응용이 된다면 무서운 군사적 무기가 될 수 있을 거라는 생각을 했다. 당시는 제2차 세계대전 중이었고 히틀러의 나치 정권이 이러한 무기를 먼저 손에 넣는다면 그가 세계를 정복하는 것은 그리 어렵지 않을 것이라 생각했다. 페르미 또한 핵물리학의 가장 뛰어난 전문가였고 무솔리니 독재 치하였던 이탈리아를 탈출했기에 이를 충분히 공감하고 있었다.

페르미는 아인슈타인이 가지고 있었던 위상과 신뢰도는 백악관에 있는 사람들을 움직일 수 있을 것이라 생각하여 아인슈타인에게 루스벨트 대통령에게 편지를 보내자고 먼저 제안했다. 이에 공감한 아인슈타인은 페르미를 비롯한 다른 저명한 물리학자들까지 포함하여 루스벨트 대통령에게 편지를 보냈고, 이 편지는 1939년 10월 11일 백악관의 루스벨트 대통령에게 전달된다.

이 편지를 읽은 루스벨트 대통령은 그 심각성을 곧바로 인식할 수 있었고, 히틀러에게 전쟁의 주도권을 뺏기지 않기 위하여 곧장 핵에너지를 군사적으로 활용할 수 있는 위원회를 조직하라고 명령한다. 곧이어 미국의 육군과 해군은 1940년 이러한 프로젝트를 바로 출범시켰고 이에 따라 그로브스가 맨해튼에 물리학자들을 비밀리에 소집시켰던 것이다.

아인슈타인은 이미 나이가 너무 많았고 전공도 핵물리학이 아니었기에 실질적인 역할은 페르미가 적당하였지만, 그는 이탈리아에서 미국으로 온 지 얼마 되지 않아, 당시 캘리포니아 공과대학에 있던 물리학자 로버트 오펜하이머가 이 연구의 총책임을 맡게 된다.

이렇게 시작된 "맨해튼 프로젝트"는 오펜하이머의 책임하에 미국 뉴멕시코의 사막에 새로 만들어진 로스앨러모스 국립 연구소에서 극비리에 핵무기의 개발에 들어간다. 우선 오펜하이머는 이 프로젝트를 빠른 시간에 성공시키기 위해 미국 전역에 흩어져 있던 당대 최고의 물리학자들을 비밀리에 모이게 한다. 그들이 몸담고 있었던 대학이나 연구소에서는 이유 없이 최고의 학자들이 갑자기 사라지는 사건이 발생한다.

이때 소집된 물리학자는 핵분열 연쇄 반응으로 인류 최초로 원자로를 만들었던 엔리코 페르미를 비롯해, 1939년 태양의 핵융합 과정을 해결하였던 한스 베테, 핵붕괴 반응의 이론적 계산의 전문가였던 에드워드 텔러, 우라늄 238에서 우라늄 235를 추출하는 방법을 개발한 윌러드 리비, 페르미와 함께 핵분열 연쇄 반응의 석학이었던 레오 실라드, 중수소를 발견하여 핵분열의 과정을 연구한 해럴드 유리, 그 외에도 훗날 미국의 가장 유명한 물리학자로 성장하는 젊은 리차드 파인만과 줄리안 슈빙거도 포함되어 있었다. 이들 중 대부분은 이미 노벨상을 받았거나 훗날 받게 되는 천재 중의 천재들이었다.

페르미를 중심으로 그들은 일단 제어 가능하고 핵반응에 필요한 중성자를 계속 자급할 수 있는 연쇄 핵반응을 만들어내는 임무를 부여받았고, 비밀리에 이를 성공시킨다. 그런 후 미국 테네시주 오크리지에는 약 5,500백만 평 규모의 비밀 시설이 들어서게 된다.

그리고 그들은 폭탄에 사용할 우라늄 235와 플루토늄 239의 정확한 양을 결정하는 계산에 성공하였고, 2년 만에 최초의 원자폭탄을 만들기에 충분할 만큼의 핵분열 물질을 생산할 수 있게 된다. 이들이 만들어 낸 폭탄은 길이 1.8m, 지름 60cm, 무게는 4

톤이었으며 그 안에는 그들이 정확하게 계산한 플루토늄 239가 들어 있었다. 이것이 바로 인류가 최초로 만든 핵폭탄이다.

이것은 루스벨트 대통령의 비밀 명령에 따라 1945년 7월 16일 뉴멕시코주 앨라모고도 공군 기지에서 실험하게 된다. 이 실험의 통제실은 폭탄으로부터 16km나 떨어진 위치에 있었고, 벙커와 엄폐물로 가려진 채 이를 개발한 연구진들은 그 폭발 과정을 지켜보고 있었다. 엄청난 굉음과 함께 폭발한 이 최초의 핵폭탄의 주위에는 커다란 버섯구름이 피어올랐고 폭발 위치의 반경 수 km를 완전히 폐허로 만들어 버렸으며 16km나 떨어진 통제실에 있던 사람들로 그 충격파로 인해 뒤로 나동그라졌다. 폭탄이 폭발한 장소에 있었던 철탑은 완전히 녹아 증발해 버렸으며, 사막이었던 그 주위의 모래는 모두 녹아 유리가 되어 버렸다.

이 실험이 성공한 후 3주 후인 1945년 8월 6일 오전 8시 15분 미국의 B29 전폭기는 '리틀 보이'라는 핵폭탄을 히로시마 상공에서 떨어뜨린다. 이 리틀 보이는 지상에서 약 550m 상공에서 폭발하였고 히로시마 도시 전체의 3분의 2를 잿더미로 만들어 버렸으며, 히로시마 인구 35만 명 중 14만 명이 사망했다. 3일이 지난 8월 9일에는 또 다른 B29 전폭기가 일본 나가사키에 원자 폭탄 하나를 더 떨어뜨렸고 27만 명 주민 중 7만 명이 사망했다. 일본은 6일이 지난 1945년 8월 15일 무조건 항복을 선언하며 세계 2차 대전은 이렇게 끝나게 된다.

아인슈타인은 이 일을 그의 여생동안 후회했다고 한다. 화합 결합의 본질을 해결해 1954년 노벨 화학상을 받았고, 2차 대전 후 핵무기 확산 운동을 전 세계적으로 벌여 1962년 노벨 평화상을 받은 캘리포니아 공과대학의 라이너스 폴링에게 아인슈타인은 이렇게 말했다. “내 삶에 있어서 가장 치명적인 실수는 루스벨트 대통령에게 원자폭탄을 만들라고 부추기는 편지에 서명한 것일세.” 아인슈타인은 다른 글에서도 자신의 심정을 다음과 같이 토로했다. “인류 역사상 가장 무섭고 극악무도한 무기를 만드는 일에 참여했던 물리학자들은 죄책감은 말할 것도 없고 그 책임감 때문에 평생 고통받고 있다.”

아인슈타인이 루스벨트 대통령에게 편지를 쓸 당시의 상황을 보면 그는 자신의 생각이 논리적이라 판단했었던 것으로 보인다. “우리는 인류의 적들이 우리보다 앞서 그 무기를 개발하도록 두어서는 안 된다는 생각에 신무기를 만들었다. 나치 추종자들의 정신 상태를 보건대 그들의 손에 그 무기가 들어간다는 것은 상상할 수 없는 파괴와 남아 있는 모든 세상이 노예가 된다는 것을 뜻했기 때문이다. 우리는 평화와 자유를 위한 투사로서, 인류 전체를 책임지는 수탁자로서 미국과 영국의 손에 그 무기를 전달했다."

인류 최초의 핵폭탄은 그렇게 만들어졌고 사용되었다. 그로 인해 세계 2차 대전은 끝이 났다. 전쟁은 비록 끝이 났지만 70년이 지난 현재에도 전 세계의 여기저기에서는 아직도 전쟁이 일어나고 있고 진행 중이기도 하다.

인류에게 있어서 전쟁은 잠시 끝날지는 모르나 평화는 오지 않는다. 그것이 역사이고 그 역사는 지금까지 반복되고 있다. 그 역사의 반복은 아마 인류가 지구상에서 멸종될 때까지 계속될지도 모른다.

EINSTEIN'S LETTER TO FDR

Albert Einstein
Old Grove Rd.
Nassau Point
Peconic, Long Island

August 2nd, 1939

F.D. Roosevelt,
President of the United States,
White House
Washington, D.C.

Sir:

Some recent work by E. Fermi and L. Szilard, which has been communicated to me in manuscript, leads me to expect that the element uranium may be turned into a new and important source of energy in the immediate future. Certain aspects of the situation which has arisen seem to call for watchfulness and, if necessary, quick action on the part of the Administration. I believe therefore that it is my duty to bring to your attention the following facts and recommendations:

In the course of the last four months it has been made probable - through the work of Joliot in France as well as Fermi and Szilard in America - that it may become possible to set up a nuclear chain reaction in a large mass of uranium, by which vast amounts of power and large quantities of new radium-like elements would be generated. Now it appears almost certain that this could be achieved in the immediate future.

This new phenomenon would also lead to the construction of bombs, and it is conceivable - though much less certain - that extremely powerful bombs of a new type may thus be constructed. A single bomb of this type, carried by boat and exploded in a port, might very well destroy the whole port together with some of the surrounding territory. However, such bombs might very well prove to be too heavy for transportation by air.

The United States has only very poor ores of uranium in moderate quantities. There is some good ore in Canada and the former Czechoslovakia, while the most important source of uranium is Belgian Congo.

In view of this situation you may think it desirable to have some permanent contact maintained between the Administration and the group of physicists working on chain reactions in America. One possible way of achieving this might be for you to entrust with this task a person who has your confidence and who could perhaps serve in an inofficial capacity. His task might comprise the following:

a) to approach Government Departments, keep them informed of the further development, and put forward recommendations for Government action, giving particular attention to the problem of securing a supply of uranium ore for the United States;

b) to speed up the experimental work, which is at present being carried on within the limits of the budgets of University laboratories, by providing funds, if such funds be required, through his contacts with private persons who are willing to make contributions for this cause, and perhaps also by obtaining the co-operation of industrial laboratories which have the necessary equipment.

I understand that Germany has actually stopped the sale of uranium from the Czechoslovakian mines which she has taken over. That she should have taken such early action might perhaps be understood on the ground that the son of the German Under-Secretary of State, von Weizsäcker, is attached to the Kaiser-Wilhelm-Institut in Berlin where some of the American work on uranium is now being repeated.

Yours very truly,
A. Einstein

20. 영원한 수수께끼

무한대에 가까운 드넓은 우주는 어떻게 탄생하였을까? 현대 우주론의 풀어낸 우주 탄생의 원인은 대폭발 이론이다. 우주는 태초에 커다란 폭발이 있었고 그로 인해 현재까지 계속해서 팽창해 가고 있다는 것이다. 지난 세기 대폭발 이론에 대한 많은 논쟁이 있었지만, 천문학이나 물리학에서의 연구에 의해 대폭발 이론을 증명할 수 있는 많은 결과를 얻어낸 것도 사실이다. 그렇다면 우주가 처음 생겨났을 당시의 대폭발은 어떻게 해서 시작되었던 것일까?

서구 문화에서 가장 영향력을 많이 끼친 아리스토텔레스는 우주가 원래부터 존재해 왔다고 주장했지만, 우리가 알고 있고 경험한 사실로 볼 때 우주의 모든 물리적 현상은 원인이 있어야 하며 물질을 비롯해 에너지가 저절로 생겨날 수 있음을 증명하는 그 어떤 과학적 사실은 발견되지 않았다. 아인슈타인의 질량-에너지 등가원리마저도 질량과 에너지는 서로 교환될 수는 있지만, 이 원리가 에너지와 물질이 무에서 창조된다는 것을 뜻하는 것은 아니다. 따라서 우주는 원래부터 현재의 상태로 존재할 수 없었다. 결국 우주는 과거 그 어떤 시점부터 시작이 있어야만 하고 그렇게 존재하여 현재에 이른 것일 수밖에 없다.

그렇다면 그 우주의 시작 즉 현대 우주론이 말하고 있는 대폭발의 원인은 무엇일까? 다시 말해 우주가 시작할 수 있게 되는 그 태초의 원인은 무엇일까? 이를 간단히 '우주의 씨앗'이라 표현해 보고 이에 대해 생각해 보자.

현재 일부 과학자들은 우주의 그 씨앗은 대폭발 이전부터 존재했었다고 주장하기도 한다. 그렇다면 그 씨앗은 도대체 어디서부터 왔다는 것일까? 또 다른 일부 과학자는 우주의 씨앗의 원인이나 우주의 씨앗 그 자체가 어떤 초월적인 존재이거나 초자연적인 힘이었다고 주장하기도 한다. 그뿐만 아니라 다른 일부 과학자들은 우주가 시작되던 당시에는 시간, 공간, 물질이 없었기 때문에 우리가 현재 알고 있는 물리적 법칙을 적용할 수 없다고 말하기도 한다.

하지만 우주가 시작되고 나서 현재까지 약 140억 년이 흐르는 동안 우리가 알고 있는 물리적 법칙이 온 우주에 적용되어 온 것 또한 사실이다. 그렇다면 우주가 시작된 그 순간 갑자기 어떤 보편적인 법칙이 바뀌어 버렸다는 말인가?

고대의 수많은 창조 신화나 현재의 많은 종교에서 말하고 있는 우주 탄생의 순간은 그야말로 엄청나게 다양하다. 하지만 현재의 과학과 비교해 보면 그 차이는 너무나 크다는 것 또한 엄연한 사실이다.

그렇다면 우리는 이러한 우주의 시작인 태초 대폭발의 원인을 어디서 찾아야만 하는 것일까? 다른 것은 둘째치고 과학의 범위에서만이라도 그 해답을 찾을 수는 있는 것일까?

스티븐 호킹은 그의 책 〈시간의 역사〉에서 다음과 같은 말을 한다. "과학의 역사 전체는 모든 시간은 임의의 방식으로 일어나지 않으며 겉으로 드러나지 않는 질서를 반영한다는 사실을 천천히 깨닫는 과정이었다. 그 질서는 신성한 존재에 의해 만들어진 것일 수도 있지만 그렇지 않을 수도 있다. 이 법칙들은 애초에 신에 의해 정해졌을 수도 있다. 그러나 그렇게 정해 놓은 후로 신은 우주가 그 법칙에 따라 스스로 진화하도록 내버려 두었으며 이제는 더 이상 관여하지 않는 것으로 보인다."

어쩌면 신은 우주 탄생의 비밀을 영원히 우리 인간에게 가르쳐 주지 않으려고 처음부터 작정을 했는지도 모른다. 왜냐하면 그렇게 함으로써 인류는 그 해답을 찾기 위해 끊임없는 노력을 하여야만 하고 그러한 과정에서 한계가 없는 무한한 발전을 이루어 낼 수 있게 될지도 모르기 때문이다. 만약 언젠가 그 답을 알게 된다면 인류는 더 이상 심오한 문제를 풀 것이 없기에 거기서 우리 인간의 성장이 멈추어 버릴지도 모르기 때문이다. 즉 인간이란 어떤 완성되어 있는 답을 찾아가는 존재가 아닌 시간이 흐르면서 영원히 되어 가는 존재이길 신이 원하고 있는지도 모른다. 그렇기에 인류는 끊임없이 자신을 성장시키고 발전시켜 자신의 도달할 수 있는 곳이 어디인지는 모르나 가능한 곳까지 갈 수가 있는 것이다.

현재 알려져 있는 최첨단의 과학기술이라 할지라도 우주 탄생의 비밀을 완벽하게 풀어낼 것이라고는 감히 장담할 수 없다. 즉 이 문제는 영원히 풀지 못하는 문제이며 그 문제를 푸는 과정이 인류 전체의 발전에 오히려 더 많은 도움이 될 수가 있다. 그 답이 중요한 것이 아니라 그 답을 찾아가는 우리의 노력이 더 위대할 수가 있다는 말이다. 그렇기에 우주가 어떻게 탄생했는지, 대폭발의 원인이 무엇인지는 답이 없는 문제일지도 모른다. 다시 말하면 이것은 영원히 풀리지 않을 수수께끼라는 것이다. 이 수수께끼는 신이 우리에게 준 아름다운 선물일지도 모른다.

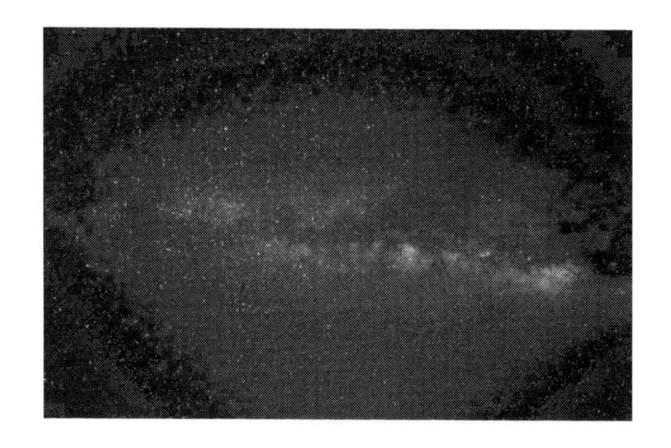

21. 위대한 발견

시카고 대학을 졸업하고 나서 영국 옥스퍼드 대학의 장학생으로 법학 공부를 끝내고 미국으로 돌아온 허블은 1913년 켄터키주에서 변호사를 개업했다. 당시 영국에서 유학까지 하고 온 터라 그의 앞길은 탄탄대로가 기다리고 있던 것이나 마찬가지였다.

하지만 그는 대학 시절 공부했던 물리학과 천문학에 대한 애정을 버리지 못한 나머지 1917년 잘 나가던 변호사 사무소의 문을 닫고 다시 시카고 대학으로 돌아가 천문학으로 학위를 마친다. 이후 그는 캘리포니아의 윌슨산 천문대의 연구원으로 취직을 했다. 도시에서 멀리 떨어진 산꼭대기에서 밤마다 자신이 좋아하는 별과 은하를 마음껏 관측하며 시간을 보내던 중 그는 천문학 역사에서 가장 위대한 법칙을 발견하게 된다.

당시 윌슨산 천문대에는 전세계에서 가장 큰 지름 2.5m짜리 망원경이 있었는데 허블은 이 망원경으로 안드로메다 은하가 가스와 먼지뿐만이 아닌 수십억 개의 별들로 이루어져 있고 안드로메다 은하는 우리은하가 아니라는 것을 알게 된다.

또한 1923년 허블은 안드로메다 자체가 또 다른 은하이며 우리은하로부터 약 200만 광년 떨어져 있음을 관측을 통해 알게 되었다. 1927년 그는 윌슨산 천문대에서 관측한 자료와 천체들에서 오는 빛스펙트럼의 자료를 바탕으로 우리로부터 멀리 떨어진 은하의 적색편이는 지구로부터의 거리에 비례하여 증가한다는 것을 발견한다.

이것은 사실 도플러 효과를 이용한 것이었는데, 도플러 효과란 소리의 경우 음원이 그 소리를 듣는 사람에게 가까워질수록 소리는 커지고 멀어질수록 작아지는 현상을 말한다. 빛도 일종의 파동이므로 이러한 도플러 효과를 천체에서 나오는 빛에 적용할 경우 어떠한 천체가 우리로부터 멀어지면 적색 쪽으로 편이가 일어나고 가까워시면 청색 쪽으로 편이가 일어나게 된다.

허블은 우리에게 멀리 떨어져 있는 은하들에서 오는 스펙트럼으로부터 적색편이를 관찰할 수가 있었고 이러한 자료를 거리를 기준으로 계산해 보니 멀리 있는 천체일수록 더 빨리 우리로부터 멀어져가는 것을 발견하게 된다.

이것이 뜻하는 바는 멀리 있는 별이 우리를 기준으로 더 빨리 후퇴한다는 것으로 우주가 점점 더 팽창하고 있음을 의미하는 것이었다. 이것이 바로 천문학의 역사에서 가장 중요한 허블의 법칙이다.

허블이 이 법칙을 발견하기 전까지만 하더라도 우주는 항상 그 자리에 존재하는 것이라 믿고 있었다. 아인슈타인마저 그의 일반상대성이론에서 우주는 동적일 수 없으며 정적인 우주여야 하기의 그의 우주의 구조를 서술하는 장방정식에서 우주상수항을 추가했었다.

하지만 허블의 법칙은 그 당시 알려져 있었던 우리의 우주에 대한 상식을 완전히 뒤집어 놓는 결과가 되었다. 그리고 그는 자신의 관측된 자료를 바탕으로 우주가 어느 정도의 빠르기로 팽창하고 있는지를 계산해 보았다. 놀라운 사실은 그 우주 팽창의 속도가 어마어마하다는 것이었다. 예를 들어 큰곰자리 은하단은 초속 약 42,000km 즉 시속으로 따진다면 약 1,500만 km이며 이는 빛의 속도의 약 14%에 해당하는 엄청난 빠르기였다. 이를 우주의 가장 바깥쪽에 존재하는 은하들에 적용해 볼 경우 그 속도는 초속 252,000km이며, 이는 빛의 속도의 약 84% 해당하는 숫자이다.

이 허블의 법칙의 발견으로 말미암아 인류는 진정으로 우주를 이해할 수 있는 단계로 뛰어오르게 된다. 사실 도플러 효과는 중학교 정도의 교과서에 나오는 아주 기본적이고 평범한 과학 상식에 해당하는 데 허블은 이를 바탕으로 우주 전체의 엄청난 비밀을 풀어낼 수 있었던 것이었다. 허블의 법칙 이후 현대 우주론은 그야말로 괄목할 만한 발전을 하게 된다.

1920년 당시 미국은 영국에서 유학을 하고 돌아온 경우 많은 혜택과 함께 돈도 많이 벌 수 있고 사회에서 인정도 충분히 받을 수 있는 분위기였다. 하지만 허블은 당시 그 사회에서 많은 사람들이 부러워하는 길을 가지는 않았다. 이미 변호사를 개업했고 나이가 많았음에도 불구하고 진정으로 자신이 평생을 하고 싶은 것이 무엇인지 스스로 물어본 후 자신이 가지고 있었던 모든 기득권을 포기했다. 그리고 처음부터 다시 자신의 길을 걸어갔다. 시작은 너무 늦었고 돈도 많이 벌 수 있는 상황도 아니었지만, 그는 자신이 진정으로 좋아하고 하고 싶은 일에 자신의 에너지를 쏟았다. 이것이 바로 천문학의 역사에서 가장 위대한 과학적 사실인 우주가 어떻게 팽창되는지를 발견하게 된 이유였던 것이다.

22. 양자 역학은 어떻게 시작되었을까?

300년을 지배해 왔던 뉴턴의 물리학은 1900년대가 시작됨과 더불어 양자 역학과 상대성이론으로 대체 된다. 상대성이론은 아인슈타인 혼자서 시작해 혼자서 끝냈다. 하지만 양자역학은 많은 천재 물리학자들의 노력으로 이루어졌다. 양자역학은 어떻게 시작이 되었던 것일까?

양자역학의 역사는 독일의 막스 플랑크로부터 시작된다. 막스 플랑크는 1858년 독일의 컬에서 태어났다. 그는 뮌헨의 맥시밀란 김나지움을 다녔는데 그곳의 교사였던 헤르만 뮐러에 의해 과학에 흥미를 갖기 시작했다. 뮐러로부터 에너지 보존에 관한 원리를 배우면서 절대적이고 보편적으로 성립하는 물리 법칙이 있다는 사실에 플랑크는 크게 감명을 받고, 그는 자연의 절대적이거나 기본적인 법칙을 찾는 일이야말로 과학자가 해야 할 사명이라고 생각하였다.

김나지움을 졸업한 뒤에, 그는 뮌헨 대학교와 베를린 대학교에 다녔고 그곳에서 물리학과 수학을 배웠다. 특히 그는 베를린에서 헤르만 헬름홀츠와 구스타프 키르히호프와 같은 당대의 세계 최고의 학자들에게 물리학을 배웠다. 이들로부터 플랑크는 열역학에 크게 관심을 갖게 되었다.

19세기 말 고전 물리학이 당면한 하나의 어려움은 뜨거운 물체가 방출하는 복사의 성질을 조사하면서 드러났다. 당시 복사를 이루고 있는 파장을 분리해 내는 분광기가 뜨거운 고체나 별들에서 나오는 복사를 연구하는데 이미 광범위하게 사용되고 있었다. 밝게 빛나는 기체로부터 나오는 빛의 스펙트럼은 선명하게 밝은 색을 띤 불연속적인 몇 개의 띠들로 이루어졌음은 이미 알려졌다. 가열하면 빛을 내는 고체에서 나오는 빛의 스펙트럼은 빨간색에서 보라색에 이르기까지 연속적으로 분포한다. 이 두 종류의 스펙트럼에 관해서 많은 의문이 제기되었다. 물리학자들은 동시에 알려진 기본 물리 법칙 들을 이용하여 이 의문의 대답을 유추하려고 하였다.

뜨거운 고체나 밝게 빛나는 기체에서 나오는 복사의 성질은 그 물체의 성질뿐 아니라 물체의 온도에도 의존하는 것처럼 보였다. 맥스웰의 전자기 이론에 의하면 복사는 전자기 현상에 속하므로, 물리학자들은 전기와 자기 법칙들과 열역학 법칙을 뜨거운 물체와 밝게 빛나는 기체에 제대로 적용하면 실험으로부터 제기된 의문들에 대한 해답을 얻을 수 있으리라고 확신했다.

키르히호프는 1860년 열역학에 의해 주어진 온도를 갖는 물체의 표면 에서 복사를 방출하는 비율과 흡수하는 비율 사이를 연관 짓는 중요한 법칙을 발견했다. 키르히호프는 복사를 곧바로 반사하는 표면과 복사를 흡수하는 표면을 엄밀히 구별했다. 이 두 성질은 동시에 존재할 수 없음이 명백하다.

만일 한 표면이 그곳에 와 닿는 복사 대부분을 흡수한다면, 흡수되지 않은 극히 일부분의 복사만 반사될 수 있을 것이며 그 반대도 마찬가지이다. 이때 두 극단적인 경우로, 와 닿는 모든 파장을 반사하고 하나도 흡수하지 않는 완전한 반사체와 모든 파장을 흡수하는 완전한 흡수체이다. 완전한 반사체를 백체라고 하며 완전한 흡수체를 흑체라고 한다.

흑체복사의 문제는 빈(W. Wien), 레일리(J. Rayleigh), 진스(J. Jeans) 같은 학자들에 의하여 다루어졌다. 하지만 고전역학이나 전자기학의 이론을 이용하여 흑체복사를 설명하려는 시도는 모두 실패하고 말았다. 어떤 온도에서 물체가 내는 전자기파의 파장과 세기를 조사해 보면 모든 파장에 따라 세기가 달라진다.

물체가 내는 전자기파의 세기는 어떤 파장에서 최대가 되고 그 파장보다 길거나 짧아짐에 따라 세기가 약해진다. 그리고 세기가 최대가 되는 전자기파의 파장은 온도가 높아짐에 따라 짧아진다.

1900년에 플랑크는 이 흑체복사의 문제를 이론적으로 설명하기 위하여 대담한 가정을 하였다. 그는 물체가 흡수하거나 발산하는 에너지는 연속적인 양이 아니라 불연속적인 양으로만 가능할 것이라고 가정하였다. 이러한 것을 에너지가 양자화되어 있다 하고 플랑크의 가설은 양자화 가설이라고 한다.

에너지도 최소 단위의 배수로만 주거나 받을 수 있다는 플랑크의 가설을 기존의 이론에 적용시키면, 실험에서 얻을 수 있는 곡선을 정확하게 설명할 수 있었다. 따라서 에너지가 최소 단위의 정수배라는 불연속적인 양으로만 존재할 수 있고 서로 주고받을 수 있다는 가설을 받아들일 수밖에 없게 되었다. 그리고 에너지의 최소 단위를 플랑크 상수라고 불렀다. 이것이 바로 현대 물리학에서 가장 중요한 이론인 양자역학의 시작이었던 것이다.

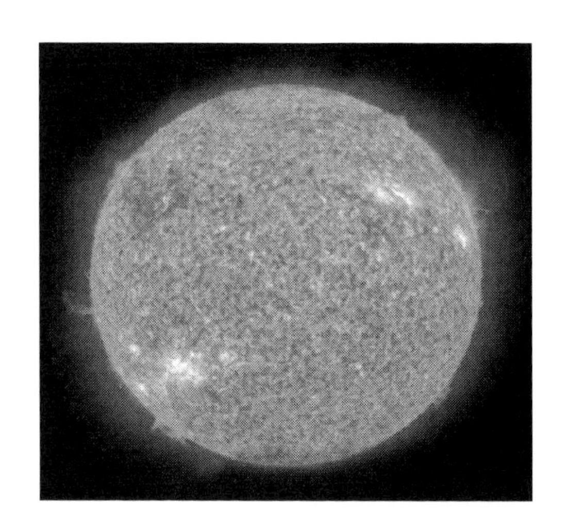

23. 대폭발의 증거는 무엇일까?

대폭발 이론은 정말 옳은 것일까? 그 이론이 옳다면 그것을 증명할 수 있는 것은 무엇이 있을까? 현재까지 알려진 바에 따르면 대폭발 이론의 가장 강력한 증거는 우주 배경 복사이다.

1940년대를 지나면서 과학자들은 대폭발 이후에 존재했던 조건들을 연구하기 시작했다. 우선 상상할 수 없을 정도의 뜨거웠던 초기 우주가 X선, 감마선 등 파장이 짧은 복사를 포함한 열전자기 복사를 만들어 냈음을 알아냈다. 우주는 식어가면서 우주 전체의 평균 온도는 점점 긴 파장의 스펙트럼에 대응되었다. 가모브는 그의 제자인 앨퍼, 허먼과 함께 온도와 밀도가 아주 높은 상태에서 우주가 생성되었다면, 대폭발 이후 남아 있는 절대 온도 5도 정도의 평균 온도를 가진 복사나 에너지가 우주 전체에 아주 얇게 분포되어 있을 것이라고 예측하였다. 이것이 바로 우주 배경 복사이다. 하지만 당시에는 이러한 아주 희미한 복사를 관측할 만한 장비가 없었기 때문에 그들의 예측은 20년 동안 묻혀 있었다.

1965년 미국 뉴저지주의 벨 연구소에서 아노 펜지아스(Arno Penzias)와 로버트 윌슨(Robert Wilson)은 전파 망원경을 이용하여 모든 방향에서 일정한 강도로 잡히는 마이크로파 잡음을 잡아내고 제거하는 연구를 하고 있었다. 연구소가 새로 만든 안테나는 위성을 추적하는 것이 목적이었지만, 지구의 공전과 자전에 상관없이 어느 방향에서나 이 잡음을 수신했다. 펜지아스와 윌슨은 이 잡음이 특정한 천체나 은하에서 오는 것이 아니라는 것을 알 수 있었다.

당시 프린스턴 대학에서는 피블스를 중심으로 가모브, 앨퍼, 허먼이 20년 전 주장했던 우주 초기의 복사 에너지에 대한 문제를 연구하고 있었다. 그들은 가모브의 연구 결과를 다시 계산하였고, 새로운 안테나를 설계하기 시작했다.

벨 전화 연구소의 펜지아스와 윌슨은 자신들의 안테나에 잡히는 잡음의 원인을 이해할 수가 없어 고민하던 중 MIT의 버나드 버크에서 전화로 물어본다. 프린스턴 대학의 피블스 교수가 우주 배경 복사를 연구하고 있는 것을 알고 있었던 버크는 아마도 펜지아스와 윌슨이 피블스 교수가 찾고 있던 것 같다는 생각을 했다. 버크의 소개로 펜지아스와 윌슨은 피블스 교수와 함께 그 잡음에 대해 이야기를 했고 그들은 바로 대폭발의 가장 중요한 증거가 되는 우주 배경 복사를 관측한 것임을 알게 되었다. 이렇게 해서 대폭발 이론을 입증할 수 있는 가장 중요한 근거인 우주 배경 복사가 발견되었던 것이다.

24. 별은 어떻게 빛나는 걸까?

빛은 에너지다. 별이 빛나는 이유는 에너지가 별 내부에서 생성되는 있다는 이야기이다. 어떻게 별 내부에서는 에너지가 생겨 빛이 나고 있는 것일까?

별 내부에서 어떠한 일이 일어나는지 알기 위해서는 우선 별 안에 무엇이 있는지 알아야 한다. 즉 별은 어떤 성분으로 구성되어 있는지를 알아야 하는 것이다.

1928년 영국 출신의 천문학자였던 세실리아 페인은 래드클리프 대학에서 박사과정 학생이었다. 그녀는 분광분석법을 이용하여 별의 대기를 구성하는 물질을 분석하는 작업을 하였고, 그 결과 별 내부에는 수소가 압도적인 성분이라는 것을 밝혀냈다. 그녀의 연구 이후 별 내부에는 중수소가 매우 드물며 수소와 헬륨이 별의 99퍼센트를 구성한다는 것을 알게 되었다.

독일 태생의 한스 베테는 1930년대 코넬 대학으로 이주하여 터널링과 같은 양자 과정을 참고하여 별 내부에서 어떠한 일이 일어나는지를 연구하기 시작했다. 그는 별들의 내부 온도에서 적당한 에너지의 방출과 함께 수소를 헬륨으로 전환시키는 두 개의 과정을 찾아내게 된다. 그중 하나는 양성자-양성자 반응으로 태양과 같은 별에서 압도적으로 일어나는 상호작용이다. 이 반응에서는 두 개의 양성자가 합쳐져 한 개의 양전자가 방출되면서 중수소의 핵을 만든다. 또 하나의 양성자가 이 핵과 융합하면 헬륨3(여기서 헬륨3이란 질량수가 3인 헬륨을 뜻하며, 질량수란 원소의 양성자의 개수와 중성자의 개수를 합한 것을 말한다)이 되고, 두 개의 헬륨3의 핵들이 합쳐지고 두 개의 양성자를 방출하면 헬륨4의 핵이 된다.

두 번째 과정은 탄소 순환 과정인데 탄소의 핵이 약간 있으면 양성자들이 이들 핵 속으로 터널링을 통해 들어간다. 탄소12의 핵에서부터 시작하여 여기에 양성자 하나를 첨가하면 불안정한 질소13이 되고, 다시 질소13은 양전자를 내뱉고 탄소13이 된다. 두 번째 양성자를 첨가하면 질소14가 되며, 세 번째 양성자를 질소14의 핵에 더하면 불안정한 산소15가 되며, 이 산소15는 양전자를 방출하고 질소15가 된다. 네 번째 양성자를 첨가하면 핵은 완전한 알파 입자 하나를 방출하고 처음의 탄소12로 돌아가게 된다. 알파 입자 즉 헬륨의 원자핵인 이 입자는 네 개의 양성자들이 하나의 헬륨 핵으로 전환되고 이 과정에 두 개의 양전자가 나오며 여기서 엄청난 에너지가 방출되는 것이다. 이 두 번째 과정은 태양보다 최소한 1.5배 무겁고 중심부 온도도 좀 더 높은 별에서 효과적으로 일어나는데 많은 별들의 경우 두 가지 과정이 모두 일어난다.

이렇듯 별 내부에서는 수소와 헬륨으로부터 한 단계 한 단계씩 좀 더 무거운 원소를 만들어 낼 때의 질량 차이가 아인슈타인의 질량–에너지 등가원리에 따라 상상할 수 없는 엄청난 양의 에너지로 만들어지게 되며 이로 인해 별들은 우리가 현재 보고 있는 빛을 내고 있게 되는 것이다.

25. 뉴턴의 프린키피아는 왜 중요할까?

인류 역사상 가장 중요한 과학책을 꼽으라고 한다면 사람마다 견해가 조금씩 다르겠지만 많은 사람들이 동의하는 것은 뉴턴의 〈자연철학의 수학적 원리(프린키피아)〉, 유클리드의 〈기하학 원론〉 그리고 찰스 다윈의 〈종의 기원〉을 꼽는다.

뉴턴의 프린키피아는 인류 역사의 흐름을 바꾸어 놓았다. 당시 사람들의 인식체계를 흔들어 놓으면서 중세 시대가 막을 내리고 근대 사회로 접어들게 되는 가장 중요한 역할을 하였다. 뉴턴 이후 약 250년 정도는 중세 시대와는 다른 패러다임 체계로 변환되었으니 이것이 바로 절대주의 세계관이다. 1900년대 이르러 또 다른 혁명가 아인슈타인이 나오면서 이 절대주의 세계관은 상대주의로 전환되었지만, 뉴턴에서 비롯된 이 절대주의 사고방식은 인류 발전에 있어 엄청난 계기를 마련해 주었다는 사실은 그 누구도 부정할 수 없다.

뉴턴이 책을 몇 권 쓰기는 했지만 가장 대표적인 것이 바로 〈프린키피아〉이다. 어릴 적 유클리드를 좋아해 그의 책 〈기하학 원론〉을 수시로 읽었던 뉴턴은 자신의 책인 프린키피아도 유클리드의 방식으로 서술했기 때문에 프린키피아는 읽기가 결코 만만

치 않은 책이다. 내 주위에서 프린키피아를 읽었다는 사람을 나는 아직 만나본 적이 없다. 심지어 물리학을 전공한 사람들도 이 책을 끝까지 읽은 사람은 드물다.

영국은 근대 이전에는 주위의 국가들로부터 수많은 외침을 당했고 시도 때도 없이 전쟁을 치러내야 했다. 과장이 될지는 모르나 프린키피아가 나오고 나서 영국의 과학 발전은 엄청난 발전을 이루기 시작한다. 뉴턴 이후 영국은 과학에 있어서는 지구상에 존재하는 국가 중에 가장 앞서가는 나라도 변해가기 시작했고 이는 산업 혁명으로 이어지며 세계에서 가장 부강한 나라로 발전하게 되었으니 바로 대영제국의 탄생이다. 그리고 대영제국의 강력한 통치력은 예전의 로마제국을 넘어서며 전 세계를 상대로 200년 동안 유지되었다.

근대 이전의 인류는 소위 암흑기에서 벗어나지 못했다. 아리스토텔레스의 역학이 2,000년 정도를 지배했지만, 사실과 다른 것들이 너무 많아 과학이라고 표현하기도 애매했다. 단지 그의 생각이었을 뿐이었다고 해도 틀린 말은 아닐 것이다. 또한 당시에는 프톨레미우스의 〈알마게스트〉가 천문학을 지배하고 있었는데 지구가 우주의 중심이라는 오로지 자신의 주관에 입각한 주장이었을 뿐이었다. 하지만 이러한 아리스토텔레스와 프톨레미우스의 권위는 동양의 공자나 맹자 같은 위상을 차지하고 있었기에 그 누구도 이것이 틀린 것이라 감히 생각조차 하고 있지 못했다. 이러한 헛된 권위에 의해 옳지 않은 자연적 원리나 사실들이 그렇게 2,000년이라는 세월 동안 유지되고 있었던 것이다.

하지만 혁명은 조용히 일어나고 있었다. 당시 신부였던 코페르니쿠스, 뒤를 이어 피사 대학의 갈릴레오, 그리고 케플러에 이르러 자연적 사실과는 전혀 다른 2,000년 동안 지배했던 인류의 암울했던 시기는 물러갈 준비를 해야 했다.

뉴턴은 시대를 잘 타고났다. 코페르니쿠스부터 뉴턴이 학문에 뜻을 두기까지 약 150년이 흘러갔고 서서히 중세 시대의 사고방식은 균열이 나기 시작하고 있었다. 하지만 조그만 균열은 붕괴를 이끌어 내지 못한다. 결정적인 무언가가 있어서 그 임계점을 넘어서게 할 수 있는 모멘텀이 절대적으로 제공되어야 하기 때문이다. 이때 태어난 사람이 바로 아이작 뉴턴이었던 것이다. 뉴턴은 평생 어떤 여자도 사귀지 않고 독신으로 살면서 자신이 하고자 하는 바에만 몰두했다. 그가 얼마나 몰입을 했는지 알 수 있는 예화는 너무나 많다. 한 가지만 소개한다면 결혼을 하지 않았기에 집에는 집안일을 돌보아 주는 집사가 있었다. 뉴턴은 식사도 자신이 연구하던 방에 있는 테이블에서 항상 먹었기에 집사는 뉴턴이 먹을 식사를 항상 방으로 가져다주었다. 점심을 먹으라고 뉴턴의 방으로 놓고 나갔다가 다시 저녁이 되어 준비해서 뉴턴의 방으로 들어갔던 집사는 점심때 가져다주었던 식사를 뉴턴은 손도 대지 않은 채 연구에만 몰두하고 있었다고 한다. 집사가 뉴턴에게 식사를 왜 안 하셨냐고 물었더니 뉴턴은 그냥 멍하게 자신이 식사를 했었는지 안했었는지 그때가 점심시간인지 저녁 시간인지도 몰랐다고 할 정도로 집중했다고 한다.

사실 프린키피아는 뉴턴이 대학과 대학원 시절 이미 끝내놓은 것이었지만 출판은 20년이 지나 1687년에 출간된다. 이렇게 출간이 늦어진 이유는 뉴턴은 지극히 내성적 성격이었고, 다른 사람들과 부딪히면서 논쟁하는 것을 극도로 싫어했으며, 이로 인해 그는 자신의 연구 결과를 발표하기를 꺼렸으며, 그의 연구 결과를 그냥 자기 책상 서랍에 넣어 두고 심심하면 꺼내 보낸 타입이었기 때문이었다. 그러던 어느 날 뉴턴의 친구였던 핼리가 뉴턴의 결과가 너무나 엄청난 것이니 속히 책으로 만들 것을 강력히 주장하는 바람에 뒤늦게 책으로 나오게 되었던 것이다.

인류 역사의 흐름을 바꾸어 놓을 수 있었던 프린시피아에는 어떠한 내용이 들어 있을까? 여기서는 그 내용을 다 설명할 수는 없지만, 인류에게 많은 영향을 미친 프린시피아의 중요 내용과 뉴턴이 이 책을 어떻게 서술했는지에 대해서만 간략히 살펴보고자 한다.

뉴턴이 평생 가장 관심이 있었던 것은 바로 "운동"이다. 뉴턴은 왜 그렇게 운동에 대해 흥미를 가지게 되었던 것일까? 우리가 살고 있는 지구나 우주 공간 전체에 존재하는 모든 물체는 거의 대부분 운동을 하고 있다. 우리 주위에서 많은 시간이 흘렀는데도 불구하고 항상 그 자리에 머물러 있는 물체는 거의 없다. 심지어 책상 같은 고체 물질 내부에서도 원자는 어떤 위치에서 조금씩 진동을 하거나 아주 작은 거리이기는 하지만 이동을 하고 있다.

뉴턴은 우주 공간에 존재하는 모든 물체가 운동을 한다면 이러한 운동을 이해하는 것이 과학의 가장 중요한 첫 번째 순서라고 생각했다. 과학 특히 물리란 자연의 이치를 알아 내는 학문인데 우주에 존재하는 모든 물체가 운동하고 있다면 이러한 운동을 이해하는 것이 진정한 과학의 기본이라고 생각했던 것이다.

운동이란 시간이 흐르면서 그 위치에 있지 않고 위치를 바꾸는 것을 말한다. 그렇다면 이러한 위치 이동을 위해서는 그 원인이 반드시 필요할 수밖에 없다. 뉴턴이 가장 관심을 가지고 있었던 것이 바로 이 운동의 원인이었다. 운동은 우주 공간에 존재하는 모든 보편적인 물체의 공통점이기에 그 원인 또한 보편적일 것이라고 생각했다. 그렇다면 운동하고 있는 모든 물체가 가지고 있는 공통적인 성질은 무엇일까? 바로 질량이다. 당시까지만 해도 우주 공간에 존재하는 물체 중에 질량이 없는 물체는 없다는 것을 너무나 잘 알았던 뉴턴은 이를 바탕으로 연구하였는데 그 결과가 바로 만유인력의 법칙이며 이것이 우주 공간에서 모든 물체가 운동하는 원인이 되는 것이란 것을 밝혀냈던 것이다. 물론 먼 훗날 빛의 입자인 광자는 질량이 없음이 밝혀졌고 이를 바탕으로 아인슈타인의 상대성 이론이 탄생하게 되며 상대론은 뉴턴 물리학을 대체하게 된다.

그렇다면 질량을 가지고 있는 우주 공간의 모든 물체는 어떠한 성질을 가지고 있을까? 물체의 가장 중요한 본성은 물체가 어느 위치에 정지하고 있으면 그 위치에서 계속 정지하고 있으려 하고, 운동하고 있으면 계속해서 운동을 하려고 하는 성질이다. 이것이 바로 관성으로 뉴턴의 운동 제1 법칙이 관성의 법칙이다. 하지만 이러한 관성의 항상 유지되는 것은 아니고 그 물체의 외부에서 힘을 가하면 그 힘을 받은 물체는 운동의 원인이 되는 힘으로 인해 자신의 고유 성질인 관성이 깨져 버리게 될 수밖에 없고 이로 인해 그 물체는 운동의 변화를 가지게 되니 이것이 바로 가속도이다. 이로 인해 만들어진 법칙이 뉴턴의 제2 법칙인 F=ma이다. 이 방정식으로 지구상이나 우주 공간의 웬만한 물체의 운동은 다 풀 수 있게 된다. 인류의 역사에게 가장 중요한 방정식의 탄생이었다.

근대과학의 가장 중요한 패러다임인 절대주의 세계관이 바로 여기서 근거한다. F는 원인이 되며 a는 결과라 할 수 있다. 즉 운동의 원인을 알며 그 결과인 운동의 변화를 절대적으로 알아낼 수 있다는 것이 바로 우리 인류의 근대 사회를 지배하게 된 인과론에 근거한 절대주의 사상이었던 것이다.

뉴턴은 또한 이러한 운동을 연구하면서 미적분학이라는 새로운 수학의 영역도 스스로 개척한다. 왜냐하면 그가 연구하고자 하는 물리학에는 당시 이를 해결해 낼 수 있는 수학이 없었기에 그가 스스로 미적분이라는 새로운 수학 체계를 만들어 냈던 것이다.

뉴턴은 자신이 프린키피아를 어릴 때부터 존경하던 유클리드의 〈기하학 원론〉의 형식을 따라 쓰려고 처음부터 마음먹었다. 그리고 프린키피아가 물리학 책임에도 불구하고 처음부터 끝까지

기하학 원론과 거의 비슷한 형태로 서술되어 있다. 예를 들어 프린키피아의 운동법칙을 설명하는 부분에서의 장(Chapter)의 제목은 바로 "공리, 운동법칙"이라고 하고 그 밑으로 "운동 법칙 1 : 물체에다 힘을 가해서 그 상태를 바꾸지 않는 한, 모든 물체는 가만히 있든, 일정한 속력으로 직선 운동을 하든, 계속 그 상태를 유지한다."라고 서술하고 이에 대한 자세한 설명을 한다. 이러한 기본 법칙이 끝나면 다시 "딸림 법칙 1 : 어떤 물체에 두 힘이 동시에 작용하면, 그 물체는 같은 시간 동안 평행사변형의 대각선을 따라 움직이는데, 그 평행 사변형의 두 변은, 두 힘이 따로 작용했을 때 그 물체가 같은 시간 동안 지났을 길이다."라는 표현들이 나온다.

이러한 형식은 바로 유클리드의 〈기하학 원론〉과 완전히 똑같다. 예를 들어 유클리드의 기하학 원론의 평면기하학 편에 보면 "법칙 14: 어떤 직선의 한 점에서 두 직선을 서로 다른 방향으로 그었는데, 그들이 만드는 두 개의 이웃한 각을 더한 것이 직각을 두 개 더한 것과 크기가 같다고 하자. 그러면 두 직선은 한 직선에 놓인다."라는 기본 법칙이 있고 이 뒤를 이어 "딸림 법칙 : 두 직선이 만날 때, 그들이 만드는 네 각을 더한 것은 네 개의 직각을 더한 것과 크기가 같다."가 나온다. 이런 형태로 서술된 것이 바로 기하학 원론이다.

그렇다면 뉴턴은 단지 유클리드를 자신이 좋아하고 학교 시절 기하학 원론을 본인이 자세히 공부했기에 그 형식을 그렇게 그대로 따라서 한 것일까? 물론 일부 그런 면도 있을지 모르나 뉴턴은 과학의 있어서 가장 중요한 것은 수학의 엄밀함을 이용한 증명과 논리라는 것을 누구보다도 잘 알고 있었다. 이를 위해서는 가장 엄밀한 수학의 바이블 격인 유클리드의 원론은 따르는 것이 제일 좋은 것이라 생각했을 것이 분명하다. 이러한 뉴턴의 과학에 대한 접근에 있어서 수학적 엄격함이 근대과학의 중요한 밑받침이 되기에 이르렀고 그로 인해 엄밀하고 정확한 근대 물리학의 완성이 가능했던 것이다.

뉴턴의 프린키피아 같은 책은 앞으로도 나오기가 결코 쉽지 않을 것이다. 인간의 사고방식 자체를 책 한 권이 바꾸어 놓았다는 것은 거의 불가능에 가까운 일이기 때문이다. 뉴턴의 〈프린키피아〉는 어찌 보면 뉴턴이 인류 전체 그리고 앞으로 태어날 인류의 후손에게 준 가장 아름다운 선물이 아니었나 싶다.

뉴턴이 태어나 어릴적 살던 집

26. 게이지 이론이 필요한 이유

이제까지 알려진 바에 의하면 자연에는 네 가지의 힘이 존재한다. 만유인력, 전자기력, 약력, 강력이 그것이다. 우주 공간에는 무한대에 가까운 입자들이 존재한다. 이러한 입자 사이의 힘의 작용은 힘의 양자가 교환되는 것으로 가능해진다.

예를 들어 두 전자 간의 상호 작용은 전자를 둘러싸고 있는 전자기장의 양자인 광자 즉 빛의 입자로 인해 가능하게 된다. 전자는 전하를 가지고 있으므로 전하의 존재로 인해 전자기장이 생성되고 이 전자기장의 양자가 힘의 매개체가 되는 것이다.

이렇게 교환되는 양자는 짧은 시간밖에 존재할 수 없다. 한번 방출된 양자는 같은 입자나 다른 입자에 의해 아주 짧은 시간 안에 재흡수 되어야만 한다. 이러한 힘의 양자를 가상 입자라고 부르기도 하는데 상호작용의 범위는 교환되는 양자의 질량과 관계된다.

만약 가상 입자의 질량이 크면 더 많은 에너지를 빌려야 하며 불확정성의 원리에 따라 더 빨리 돌려주어야 한다. 따라서 입자가 재흡수 전에 갈 수 있는 거리는 줄어들게 되고 관련된 힘의 범위는 짧아질 수밖에 없다. 힘의 양자의 질량이 영인 특수한 경우에는 힘의 범위는 무한대가 된다. 빛의 양자인 광자는 질량이 0이다.

게이지 이론이 필요한 이유는 모든 곳 또는 어느 한 곳의 게이지 대칭성을 갖게 만들 수 있기 때문이다. 특히 한곳 변환 하에서 불변인 이론을 만들기 위해서는 힘이라는 양을 포함해야 하기에 게이지 이론이 유용하게 사용되는 것이다.

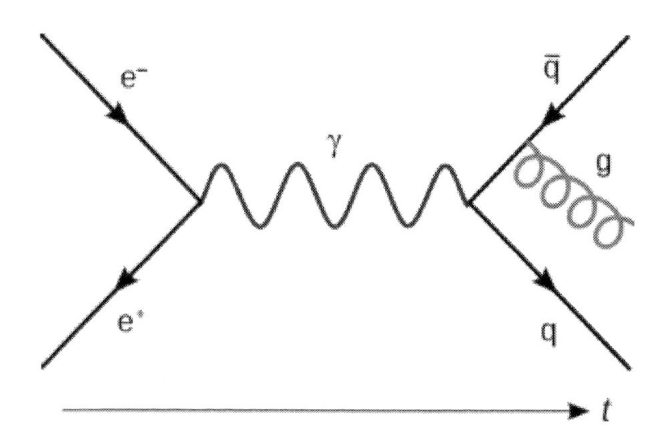

27. 전자기파는 어떻게 만들어질까?

우리 주위에는 전자기파를 이용하는 것들이 너무나 많다. AM, FM 라디오, 무전기, 텔레비전, 핸드폰 등, 이제 일상생활에서 전자기파를 사용하지 않고는 생활하는 것이 불편할 정도이다.

이러한 전자기파는 어떻게 만들어지는 것일까? 전자기파의 원리는 바로 전기장과 자기장의 상호작용이다. 전기장은 전하가 존재함으로써 생기고, 자기장은 자석이 있으면 만들어진다. 그런데 자기장의 또 다른 근원은 전하의 운동에 의해서도 가능해진다.

전기장과 자기장은 공간의 변화를 뜻한다. 전하가 존재함으로, 전하가 운동함으로, 그리고 자석의 존재에 의해 그 주위의 공간에 변화가 생기는 것이다. 이렇듯 자연에서 무엇이 존재함으로써 어떠한 변화가 생기기 마련이다.

블랙홀 근처는 그 엄청난 질량으로 인해 공간이 변하게 된다. 어떠한 물체의 질량 자체로 생기는 공간의 변화를 중력장이라고 한다.

제임스 맥스웰은 전기 현상과 자기 현상이 각각 독립된 것이 아니라 하나의 전자기 현상의 두 가지 측면이라고 생각했다. 그는 이를 토대로 맥스웰 방정식을 완성했는데 그것은 바로 시간에 따라 변화하는 자기장은 전기장을 만들고 시간에 따라 변화하는 전기장은 자기장을 만든다는 것이다. 물론 시간에 따라 변하는 자기장이 전기장을 만든다는 것을 처음 발견한 것은 패러데이였는데 맥스웰은 대칭성으로 인해 시간에 따라 변하는 전기장도 자기장을 만들 것이라고 생각했다.

맥스웰은 이를 바탕으로 전기장과 자기장이 상호 작용함으로써 새로운 형태의 파동인 전자기파가 만들어지는 것이라고 주장했고 얼마 후 독일의 헤르츠가 실험적으로 이 사실을 증명하였다. 우리가 주파수의 단위를 헤르츠로 쓰는 이유는 그를 기념하기 위함이다.

만약 전하가 진동운동을 하고 있다면 그 전하가 만드는 전기장은 시간에 따라 변하게 되고, 이에 따라 자기장이 생기게 된다. 그러나 그 자기장을 만든 전기장이 시간에 따라 변하므로, 자기장도 시간에 따라 변할 수밖에 없다. 이로 인해 또 다른 전기장이 만들어지게 된다. 이렇듯 전기장과 자기장이 서로 변하면서 상호작용을 하게 되고 이 상호작용이 전자기파를 형성하면서 공간으로 진행하게 되는 것이다.

놀라운 사실은 이 전자기파의 진행 속도는 상상을 초월할 정도로 빨라 맥스웰의 계산 결과에 의하면 빛의 속도와 같음을 알 수 있었다. 그 결과 빛도 전자기파라는 사실을 알게 되었다.

우리가 흔히 듣는 라디오 방송국의 송신 안테나 내부에서는 수많은 전자가 진동하면서 이와 같은 방법으로 공간을 통해 전자기파를 내보내는 것이고 우리는 그 전자기파를 집에서 라디오를 통해 들을 수 있는 것이다.

전자기파는 파장에 따라 여러 가지로 분류할 수 있는데 파장이 짧은 순서대로 나열해 보면, 감마선, X선, 자외선, 가시광선, 적외선, 마이크로파, 라디오파 등이 된다. 라디오파는 우리가 통신이나 방송에 쓰이는 전자기파에 해당하며 편의상 전파라고 부르기도 한다. 마이크로파는 집에서 사용하는 전자레인지 등에 응용될 수 있다. 감마선 같은 경우는 핵분열이 있을 때 나오는 전자기파로 인체에 치명적인 해를 입힌다. 이러한 전자기파 중에서 인간이 눈으로 볼 수 있는 것은 가시광선뿐이다.

정보 통신 기술이 발전하면서 전자기파의 응용은 그 가능성이 어디까지 될지 상상하기 어렵다. 미래의 세계에서는 아마 전자기파 없이는 우리가 생활하기도 힘들게 될지 모른다.

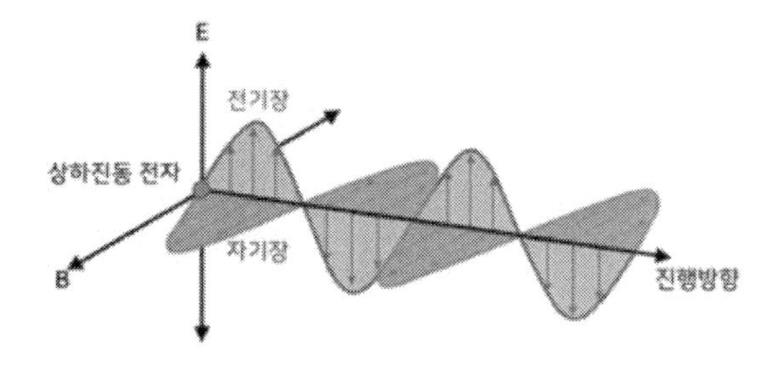

28. 조슬린 벨도 노벨상을 받아야 했다

1967년 영국의 케임브리지 대학의 대학원생이었던 조슬린 벨은 우주 공간에서 전파 신호의 빠른 변화를 찾기 위해 그녀의 지도 교수인 앤서니 휴이시가 제작한 특수 탐지기로 멀리 있는 전파원을 연구하고 있었다. 이 연구에서 사용된 컴퓨터는 망원경이 하늘의 어느 영역을 탐사했는지 보여주는 인쇄물을 출력했고, 휴이시의 대학원생들은 이들 모두를 들여다보면서 흥미로운 것을 찾고 있었다.

조슬린 벨은 작은 여우 자리에서 빠르고 날카롭고 강하면서 아주 규칙적인 펄스를 보내는 전파 복사의 방출원을 찾아내게 된다. 이 펄스는 정확하게 1.33728초마다 도착하였다. 이것이 바로 맥동 전파원인 펄서의 최초 발견이었다.

펄서들의 맥동주기는 보통 1/1000초보다 약간 긴 것에서 10초에 이르는 넓은 범위에 퍼져 있다. 이후 이론과 관측을 결합하여 천문학자들은 펄서는 회전하는 중성자별이라는 결론을 얻게 된다. 이는 우주 공간에서 현대식 등대와 같은 역할을 한다. 현대식 등대는 모든 방향으로 선박들을 향해 등불을 회전시키면서 빛줄기를 어두운 바다로 보낸다. 배의 입장에서 보면, 빛줄기가 배를

향할 때마다 빛의 펄스를 규칙적으로 보게 된다.

마찬가지로 중성자별에서 나오는 복사가 우주 공간이라는 바다에서 등대와 같은 역할을 하는 것이다. 중성자별은 붕괴로 인해 매우 작아져서 빠르게 회전하기 때문에 그 빠른 회전이 아주 주기적이다. 각운동량 보존 법칙에 의하면 한 물체가 작아질수록 그 물체는 더 빠르게 회전할 수 있다. 비록 중성자별이 된 원래의 별이 주계열일 때 아주 느리게 회전하였더라도 중성자별이 되기 위해 붕괴하면서 회전은 빨라진다. 보통 중성자별은 지름이 약 10~20km 정도 되기 때문에 몇 분의 1초 만에 한 바퀴씩 회전할 수 있으며 이로 인해 드넓은 우주 공간에서 등대 역할을 하는 것이다.

원래의 별에 있던 자기장은 중심핵이 중성자별로 수축할 때 크게 압축된다. 중성자별 표면에서는 양성자와 전자는 회전하는 자기장에 묶여 빛의 속도의 절반 정도에 해당하는 속도로 가속된다. 자기장의 두 극에서 중성자별로부터 나온 입자들은 폭이 좁은 다발로 모이고 엄청난 속도로 선회하면서 흘러나간다. 이들은 광범위한 전자기 스펙트럼의 에너지를 발생시키며, 복사 자체도 좁은 다발에 제한되므로 펄서가 등대와 같은 역할을 할 수 있는 것이다.

조슬린 벨은 이러한 펄서를 드넓은 우주 공간에서 최초로 발견하였고, 이를 그의 지도 교수인 휴이시에게 보고하여 이 최초의 발견에 대한 논문을 쓰게 된다.

1974년 노벨 물리학상은 이론적으로만 예견되어온 중성자별 즉 펄서를 처음으로 관측한 공로로 휴이시에게 주어진다. 하지만 조슬린 벨의 이름은 없었다. 물론 휴이시 교수의 그 전의 업적까지 고려하여 노벨상이 주어졌다고 볼 수는 있겠지만 어쨌든 가장 큰 공헌은 바로 펄서의 발견이었다. 만약 조슬린 벨의 발견이 아니었더라면 휴이시 교수도 이를 놓쳤을 가능성이 매우 클 수밖에 없다. 따라서 1974년의 노벨 물리학상은 조슬린 벨도 함께 받았어야 했다.

조슬린 벨은 매우 아쉬웠겠지만, 이에 대해 담담하게 받아들였고, 박사학위를 받은 후에 영국 왕립천문학회장, 영국 물리학 연구소 소장을 지냈다. 그리고 대영제국 훈장 2등급까지 받게 된다.

세상에는 불공평한 경우가 많이 있다. 과학계도 예외는 아니다. 물론 그것을 결정하는 사람들의 마음이기는 하겠지만 조슬린 벨을 생각한다면 타인의 입장에서도 아쉬울 뿐이다.

nature

Search Login

Content ⌄ About ⌄ Publish ⌄

Published: 13 April 1968

Observations of some further Pulsed Radio Sources

J. D. H. PILKINGTON, A. HEWISH, S. J. BELL & T. W. COLE — Show fewer authors

Nature **218**, 126–129 (1968) | Cite this article

Abstract

Details are now given of three of the four pulsating radio sources discovered at Cambridge.

29. 뉴턴은 어떻게 어려운 문제를 해결했을까?

과학은 자연의 원리를 발견하는 데 가장 커다란 의미가 있다. 자연의 원리는 보편적일수록 더욱 가치가 크다. 보편적이란 거의 모든 경우, 예를 들어 물리학의 경우에는 우주 전체에 존재하는 모든 물체에 적용되는 것이라 할 수 있다. 보편적 원리가 되기 위해서는 단순해야 할 필요가 있다. 어떠한 원리가 복잡하다는 것은 그 예외가 존재할 가능성이 크기 때문이다.

가장 대표적인 이러한 보편 원리를 예로 든다면 바로 뉴턴의 동 법칙과 만유인력 법칙이다. 이 두 가지 법칙으로 우주 공간에 존재하는 모든 물체의 운동을 풀어낼 수 있다. 이 보편법칙의 발견은 인류의 역사의 흐름마저 바꾸어 놓았다. 바로 중세 시대가 붕괴되고 근대 시대로의 문을 열게 된 것이다.

또 다른 예를 들자면 열역학 1 법칙이다. 간단히 수식으로 표현해 보면 Q=U+W가 되는데 정말 간단한 방정식이지만 이 식 안에 열역학의 가장 근본적인 원리가 포함되어 있다. 이 원리로 인해 산업 혁명은 급격히 발전되기에 이르렀다.

또 다른 예는 바로 패러데이 법칙이다. 패러데이는 초등 교육도 받지 않아 수학은 거의 문외한이었다. 그는 주로 과학을 그림으로 이해했는데 그러한 그림을 통해 그가 생각해 낸 개념이 '장(Field)'이라는 것이다. 전기장과 자기장이 바로 그의 아이디어에 의한 것이었고, 패러데이는 이러한 장의 개념을 바탕으로 시간에 따라 변하는 자기장은 전류를 발생시킨다는 패러데이 법칙을 발견하게 된다. 이 패러데이 법칙은 인류에게 전기 시대의 문을 열게 해준 가장 보편적인 원리에 해당된다.

이러한 보편적인 원리는 언뜻 보면 간단한 것 같지만 그것을 처음으로 발견해 낸다는 것은 정말 어려운 일에 해당한다. 뉴턴 이후 과학자들은 뉴턴의 방법을 적용하여 이러한 원리들을 찾는 데 많은 도움을 얻게 되었다.

뉴턴의 가장 위대한 업적이라는 운동의 법칙과 만유인력 법칙은 1665~1666년 2년에 걸쳐 발견해 낼 수 있었다. 그의 나이 23~24세 때였다. 뉴턴은 어떻게 이러한 어려운 문제들을 어떻게 해결했을까?

1642년에 태어난 뉴턴은 1661년 케임브리지의 트리니티 칼리지의 생활을 시작했다. 케임브리지 대학 시절 뉴턴은 닥치는 대로 책을 읽었으며 깊은 생각에 잠겨 학교 캠퍼스를 산책하곤 했다. 그는 어떤 아이디에 관심을 갖게 되면 믿을 수 없을 정도로 정신을 그곳에 쏟았는데 자신에게 흥미롭고 어려운 문제를 만나는 경우 그것을 해결할 때까지 종종 먹는 것도 잊고 잠자는 것도 잊고 지냈다.

케임브리지의 경제학자였던 존 케인즈는 뉴턴에 대해 다음과 같이 말한다.

"그의 특별한 재능은 순수하게 추상적인 문제를 완전히 통찰할 때까지 머릿속에서 계속해서 생각하는 힘이었다. 순수 과학이나 철학에 관한 사고를 해본 사람이라면 머릿속에 한 문제를 생각해서 그것을 통찰하기 위해 온 집중력을 발휘하는 것이 얼마나 어려운지를 알고 있으며, 또한 그 문제가 얼마나 빨리 희미해지고 없어져서 결국 찾으려고 하는 것이 텅 비어 있게 되는지를 안다. 그렇지만 뉴턴은 어떤 문제의 비밀이 풀릴 때까지 그 문제를 몇 시간, 며칠, 몇 주일 동안이나 생각할 수 있는 능력이 있었다고 나는 믿는다."

실제로 뉴턴은 어떠한 문제를 접하고 나면 희미한 촛불 하나에 의지한 채 밤을 새우기가 일쑤였다. 뉴턴은 시간을 아끼기 위해 주로 자신의 방에서 식사를 했는데 집안일을 도와주는 집사가 항시 뉴턴의 식사를 준비했다. 식사 시간에 맞추어 뉴턴의 방으로 식사를 가져다주어도 뉴턴은 일에 집중하느라 식사도 제대로 하지 않았고, 다음 식사 시간에 집사가 뉴턴의 방에 다시 식사를 가지고 와 보면 이전 식사에 손도 대지 않은 채 그대로 있는 경우가 허다했다.

그러한 몰입과 집중력으로 뉴턴은 인류 역사상 가장 위대한 업적을 남겼다. 뉴턴의 회고에 의하면 "같은 해에 나는 중력이 달의 궤도까지 미칠 것이라는 생각을 하게 되었다. 그리고 행성들이 궤도를 유지하도록 하는 힘은 이 행성들의 회전 중심으로부터 거리의 제곱에 반비례한다는 사실을 추론해냈다. 그리고 이런 추론에 따라 달이 궤도를 이탈하지 않도록 하는 힘과 지구의 표면에서의 중력을 비교하였는데, 이들 두 힘이 거의 일치한다는 답을 얻었다." 이렇게 만유인력의 법칙은 발견되었던 것이다.

뉴턴은 자신이 발견한 이론을 〈자연 철학의 수학적 원리〉라는 책으로 출판을 한다. 이 책을 읽어 본 사람은 대부분 뉴턴을 초인으로 평가하게 된다. 당대 프랑스의 최고 수학자였던 라플라스는 "우주의 이치를 두 번 다시 정립할 필요가 없도록 만든 뉴턴은 지금까지의 천재 중에서 가장 위대한 천재였으며 최고의 행운아였다"라고 평가한다.

뉴턴이 어려운 문제를 해결할 수 있었던 것은 자신이 정말 좋아했던 문제, 흥미를 끌었던 문제를 가지고 모든 것을 잊은 채 몰입을 하여 그 문제가 해결될 때까지 다른 어떤 것도 하지 않고 끝까지 집중했던 것에 있지 않을까 싶다.

어떤 문제를 해결될 때까지 노력을 한다는 것은 결코 쉬운 일이 아니다. 그러한 노력을 위해서는 물론 그 문제를 자신이 좋아해야 하거나 어떻게든 그것을 해결할 굳은 의지가 필요할 수밖에 없다.

토마스 에디슨의 경우도 그의 연구가 2,999번 시도를 한 끝에 성공하지 못하면 다시 3,000번째의 도전을 했고 그 3,000번째의 도전이 성공을 이루어냈다고 한다. 즉 2,999번까지 한 사람과 3,000번까지 한 사람은 분명히 차이가 있었던 것이다.

자신이 좋아하는 것, 그것에 몰입하는 것, 그리고 끝까지 해결하려고 붙잡고 있었던 것, 그러한 것으로 인해 뉴턴은 그 어려운 문제를 해결할 수 있었던 것이다.

30. 일반 상대론은 어떻게 증명되었을까?

아인슈타인의 일반 상대론은 만유인력이란 물체와 시공간의 상호작용이라는 것이다. 이 이론을 처음으로 증명한 사람은 영국의 천문학자인 에딩턴이다. 아인슈타인의 이론에 의하면 중력장이 강한 곳에서는 시공간이 심하게 굽어지므로 태양에 매우 가깝게 지나가는 빛은 곡선 경로를 따를 것으로 예상된다. 아인슈타인은 일반 상대론을 적용하여 태양 표면을 스쳐 지나가는 빛은 약 1.75초 정도의 각도로 휘어질 것이라고 예측하였다.

문제는 태양에 근접하는 별빛을 측정할 때 태양의 빛이 별빛에 비해 엄청나게 밝기 때문에 그 별빛을 측정할 수가 없다는 것이다. 하지만 태양의 개기 일식이 진행되는 동안에는 대부분의 태양의 빛이 가려지므로 태양 근처를 지나는 별빛을 관측할 수가 있다. 이에 아인슈타인은 개기 일식을 이용하여 태양 근처를 지나가는 별빛이 휘어지는 것을 탐지할 수 있을 것이라고 제안하였다.

영국의 천문학자였던 아서 에딩턴은 아인슈타인의 제안을 받아들여 1919년 5월 29일 개기 일식이 일어나는 날에 이러한 관측을 하기 위해 준비했다. 두 개의 탐험대가 하나는 아프리카 서해안에 있는 프린시프 섬으로 하나는 브라질 북부의 소브랄이라는 지역으로 출발을 했다.

드디어 개기 일식이 시작되던 날 비록 날씨가 좋지는 않았지만, 에딩턴의 지휘하에 개기 일식에서 태양 근처에 보이는 별빛이 측정 오차 범위 내에서 아인슈타인이 계산한 값과 같은 각도로 휘어진다는 것을 관측할 수 있었다.

이로 인해 과연 공간이 휘어질 수 있을지에 대한 수많은 사람의 의심이 해결되었으며 아인슈타인의 일반 상대론은 에딩턴의 관측으로 인해 확실히 증명될 수 있었고 이로 인해 아인슈타인은 세계적으로 유명해지게 되었다.

또한 일반 상대론의 증명으로 인해 250년간 계속되어온 뉴턴의 만유인력에 대한 이론은 수정될 수밖에 없었고, 이로 인해 근대 시대는 문을 닫고 새로운 시대인 현대 시대로 진입하게 되는 결과가 되었다.

31. 나침반은 왜 항상 북쪽을 가리킬까?

아인슈타인이 처음 과학에 관심을 두게 된 것은 그가 나침반을 보고 나서였다. 그가 쓴 회고록에 보면 "나는 지금도 생생히 기억하고 있다. 그때 그 경험은 내게 영원히 사라지지 않을 깊은 인상을 심어주었다. 사물의 이면에는 반드시 깊숙이 감춰진 무언가가 있다." 어느 방향으로 돌려도 항상 일정하게 북쪽만을 가리키는 나침반의 바늘이 어린 아인슈타인을 과학의 세계로 인도하게 되었던 것이다.

나침반이 항상 북쪽을 가리키는 이유는 무엇일까? 그것은 바로 지구 전체가 하나의 자석과 같은 역할을 하기 때문이다. 자유롭게 회전할 수 있는 나침반을 막대자석의 남극(S극) 근처에 놓으면 나침반의 남극은 밀쳐지고 북극(N극)은 끌어당겨 진다. 나침반 바늘은 흔히 물리학에서 말하는 회전운동의 원인인 토크를 받게 되고 이로 인해 나침반 바늘은 새로운 평형 상태에 이르게 된다. 이것은 나침반 바늘이 자기장에 정렬하려고 하는 성질로 인한 것이다.

나침반은 아주 작은 막대자석으로서 자기장에 접하게 놓이며 그 지점에서의 자기장의 방향은 나침반의 남극에서 북극으로 향하는 화살표 방향을 나침반이 놓여 있는 장의 방향으로 정하게 된다.

지구는 마치 거대한 자석이 지구 내부에 있는 것과 같은 자기장을 발생시킨다. 이를 지구 자기장이라고 하는데 지구의 지리적인 북쪽의 자석의 S극에 해당하고 지리적인 남쪽이 지구라는 자석의 N극에 해당된다. 따라서 나침반의 북극이 지구의 북쪽을 항상 가리키는 것이다. 지구가 하나의 커다란 자석의 역할을 하는 이유는 바로 지구 내부에 엄청나게 많은 금속으로 인한 결과이다.

이러한 지구 자기장은 지구 외부로부터 오는 많은 전자기파에 대한 방패 역할을 함으로써 지구 표면에 수많은 생명체가 살아갈 수 있는 환경도 제공한다. 만약 지구 자기장이 존재하지 않는다면 지구 위에서 제대로 살아갈 수 있는 생명체는 거의 드물 것이다.

지구는 하나의 거대한 자석이기에 생명체도 보존될 수 있으며 나침반의 바늘이 항상 북쪽을 가리키고 있어 우리가 방향을 찾아 생활하는 데 있어서도 많은 도움을 주는 것이다.

32. 코펜하겐 해석과 슈뢰딩거의 고양이

베르너 하이젠베르크는 불확정성 원리에 따라 원자 속 입자들의 운동을 설명하는 변수들은 모두 근본적으로 불확실하기 때문에, 관찰에 의해 고정시키기 전까지는 모두 알 수 없는 대상이라고 생각했다. 일단 하나의 특징을 정확히 측정하면, 다른 특징은 불확실하게 된다. 하이젠베르크는 불확정성이 측정 과정 그 자체의 역학으로 인해 발생한다고 믿었다. 물리량을 측정하기 위해서는 측정의 대상과 상호작용을 해야 한다. 이러한 상호 작용이 계를 바꾸고 이후의 입자의 상태는 불확실해진다는 것이다.

하이젠베르크의 스승이었던 닐스 보어는 하이젠베르크와는 조금 다른 생각을 하였다. 그는 관찰자도 측정하는 계의 일부라고 주장했다. 측정 장치를 포함시키지 않고 측정 대상을 논하는 것은 말이 안 된다고 생각했다. 어떠한 입자를 추적하려면 빛을 보내야 하기 때문에 입자가 홀로 존재한다고 가정하고 입자의 운동을 기술할 수는 없다고 판단했다. 여기에서 보어는 슈뢰딩거의 방정식과 파동함수 개념에 의존했다. 측정 대상의 특징이 관찰 행위에 의해 입자 또는 파동으로 고정되어 있을 때, 우리는 파동함수가 붕괴되었다고 말한다. 따라서 모든 확률은 하나의 값만을 남기고 사라지게 된다. 오로지 결과만 남게 되는 것이다. 빛줄기의 파동함수에는 빛이 파동으로 행동할 확률과 입자로 행동할 확률이 섞여 있고, 우리가 빛을 검출하면 파동함수는 붕괴되어 하나의 형태만 남기는데, 그 이유는 빛이 스스로의 특징을 바꾸어서 그런 것이 아니라 빛이 정말 그 둘 다이기 때문이라는 것이다. 이를 "코펜하겐 해석"이라고 부른다.

이러한 코펜하겐 해석에 반기를 든 사람이 바로 슈뢰딩거였다. 코펜하겐 해석에 따르면 양자계는 결정되지 않은 어두운 상태로 있다가 관찰자가 들어와 전등 스위치를 켜면 그때서야 관찰자의 실험으로 무엇을 측정할지가 결정된다. 빛은 우리가 어떠한 형태를 실험할지를 결정하기까지는 입자인 동시에 파동이고, 우리가 마음을 정한 이후에 그중 하나의 형태를 가지게 된다. 슈뢰딩거는 무언가 보이지 않는 것이 가능한 형태로 존재한다는 생각이 찬성하지 않았다.

그는 이를 증명하기 위해 새로운 사고실험을 제안했는데 그것이 바로 "슈뢰딩거의 고양이"이다. 슈뢰딩거는 우리의 이해를 돕기 위해 고양이라는 것을 이용해 다음과 같은 실험을 제안했다.

강철 상자 안에 고양이가 갇혀 있다고 가정하자. 상자 안에는 고양이와 함께 맹독성인 시안화수소산이 들어 있는 플라스크가 있고 방사성 원자가 붕괴하면 이 시안화수소산 플라스크가 산산이 부서지게 되어 있다. 고양이의 생사는 바로 이 방사성 원자가 붕괴하느냐 마느냐의 확률에 달려있다.

만일 이 전체 계를 건드리지 않고 한 시간 정도 놓아두면, 고양이는 원자가 붕괴되지 않는 동안에는 살아 있고, 원자가 붕괴되면 죽는 것이다. 한 시간 후에 고양이가 살아 있을 확률과 죽어 있을 확률은 반반이다.

코펜하겐 해석에 따르면 상자가 닫혀 있는 동안에는 고양이는 삶과 죽음이 뒤섞인 상태, 즉 살아 있는 동시에 죽어 있는 상태로 존재한다. 상자가 열리는 순간에야 고양이의 운명이 결정된다. 이는 빛이 파동인 동시에 입자이다가 관찰자가 어떻게 측정할지 선택하는 순간 파동함수가 붕괴되고 한 가지 특성만 선택되는 것과 같다. 슈뢰딩거는 이러한 설명이 말이 되지 않는다고 생각했다. 고양이는 분명히 죽어 있거나 살아 있거나 그 두 가지 중 하나이지, 죽어 있는 동시에 살아 있는 두 가지 상태의 혼합된 형태로는 존재하지 않는다는 것이다.

아인슈타인도 코펜하겐 해석을 비판했다. 관찰이 어떻게 파동함수를 붕괴시키는가? 누가 관찰을 하는 것인가? 그 관찰 주체에 따라 실험 결과가 달라질 수가 있는 것인가? 이러한 의문을 제기하게 된다.

하지만 신기하게도 물질이 입자성과 파동성을 동시에 가지고 있다는 이중성의 원리는 실험에서 관찰되고 있다. 코펜하겐 해석의 논리를 계속 쫓아가다 보면 수수께끼는 끝이 없게 되고, 우주에 존재하는 그 무엇도 이런 식으로는 존재하지 못하게 된다. 과학은 답을 찾으려고 하지만 그 과정은 결코 쉽지 않다.

33. 함박눈이 오면 왜 포근할까?

눈이 오는 날은 왠지 모르게 기분이 좋다. 첫눈이 오면 마음속에서 가장 좋아하는 사람을 만나고 싶다. 왜 그런 걸까? 눈이 하얗기 때문에 순수한 사랑을 꿈꾸었던 마음이 그리워서 그런 것일까?

눈이 많이 온 날은 온 동네 아이들이 집 밖으로 나와 뛰어다니며 신나게 놀곤 한다. 강아지들도 이리저리 눈 속에서 뛰어다니며 꼬리를 흔들고 좋아한다. 그러한 모습을 지켜보는 사람마저 행복하다.

눈은 추운 겨울에 오지만 눈을 보는 사람의 마음은 따뜻하고 포근하다. 온 동네가 눈으로 덮이면 왠지 모를 평화가 찾아온 듯하다. 그렇게 하얗게 눈이 덮인 길을 걸으면 내 마음에 위로도 되고 안식도 찾아온다.

펑펑 함박눈이 오는 날은 더욱 기분이 좋은 것 같다. 하늘에서 축복이 내려오는 것 같은 느낌이다. 주위에 있는 모든 것이 사랑스러워 보인다.

함박눈은 눈송이가 커다란 것인데 이렇게 큼직한 눈송이가 되려면 대기 중에 있는 수증기가 잘 달라붙어야 한다. 만약 수증기가 꽁꽁 얼게 되면 눈송이에 달라붙기가 쉽지 않다.

녹을 듯싶고 얼 것 같은 그러한 온도가 눈송이가 제일 커질 수 있는 조건이다. 기온이 너무 낮으면 눈이 만들어지지 않는다. 만약 섭씨 영하 40도 이하가 되면 눈송이는 대기 중에서 아예 형성되지도 않는다.

녹을 듯 얼듯한 상태가 제일 눈송이가 커질 수 있는 조건인데 이 경우는 기온이 그다지 낮지 않다는 뜻이다. 기온이 낮지 않으니 겨울치고는 상대적으로 포근하게 느껴질 수밖에 없다. 그렇기 때문에 함박눈이 내리는 날은 포근하다는 말이 나올 수 있는 것이다.

녹을 듯 얼듯한 상태보다 기온이 높으면 눈이 되지 않고 비가 될 수밖에 없다. 만약 이보다 기온이 낮으면 수증기가 잘 달라붙지 않는다. 대기 중에서 그냥 얼어붙어 눈송이에 달라붙기가 어려울 수밖에 없다. 수증기가 꽁꽁 언다는 것은 기온이 상대적으로 낮다는 뜻이다. 이런 날씨에는 함박눈이 내리지 않고 가루눈이 내릴 수밖에 없다. 이런 날은 겨울의 평균 기온보다 낮기 때문에 상대적으로 춥다고 느껴지게 된다.

함박눈이 오는 날은 밖으로 나가 눈을 마음껏 맞아보는 것도 좋을 것 같다. 하늘에서 내려주는 축복을 방안에서만 보고 있는 것은 너무나 아깝다는 생각이 든다. 펑펑 쏟아지는 눈을 맞으며 내 발자국도 남기고 하늘을 바라보면서 함박눈을 얼굴 가득히 맞아보는 것도 삶의 한 기쁨이 될 듯하다. 올해는 함박눈이 많이 내렸으면 좋겠다. 하늘에서 축복이 함박눈처럼 쏟아지는 기분이 들어 조그마한 행복이라도 느낄 수 있을 것 같다.

34. 지구 자전은 어떤 힘을 만들어 낼까?

지구는 서쪽에서 동쪽으로 자전을 하고 있다. 북반구를 기준으로 하면 반시계 방향이다. 지구는 거의 구에 가깝게 둥글다. 따라서 지구의 지도에서 동서를 구분한 경도는 남북을 구분한 위도마다 그 길이가 다를 수밖에 없다. 적도에 가까운 위도일수록 경도 간의 길이는 길고 적도에서 먼 위도일수록 경도 간의 길이가 짧다.

하지만 지구가 자전하는 데 걸리는 시간은 위도에 따라 차이가 없다. 고위도나 저위도 모두 같은 속도로 지구는 회전한다. 이는 다른 거리를 같은 시간에 가야 한다는 것과 같은 뜻이다. 즉, 저위도 지역의 회전 속도가 고위도 지역보다 빠르다는 이야기이다.

다시 말하면 지구의 자전 주기는 고위도나 저위도나 일정해서 움직여야 하는 거리는 다르기에 저위도에서의 속도가 고위도에서의 속도보다 빠를 수밖에 없게 된다.

이로 인해 어떠한 일이 생기게 될까? 예를 들어 지구가 자전하지 않는다면 백두산에서 한라산을 향해 대포를 뻥 쏘면 그 포탄은 직선으로 날라오게 된다. 하지만 지구가 자전을 하기 때문에 포탄은 쏜 방향으로 곧게 오지는 않는다.

백두산은 지구에서 고위도에 있고 한라산은 저위도에 있다. 지구는 자전하기 때문에 백두산에 있는 사람보다 한라산에 있는 사람이 더 빨리 움직이게 된다. 빨리 달리는 사람이 늦게 달리는 사람을 보면 뒤처지게 된다. 그렇다면 한라산에 있는 사람은 백두산에서 날아오는 포탄을 보면 어떻게 보일까? 당연히 그 포탄은 한라산을 향해 직선으로 날라오지 않고 뒤처져서 날라오게 된다. 즉 백두산에서 한라산을 향해 직선으로 대포를 쏘았는데 그 포탄은 한라산에 도달할 때쯤이면 한라산에 있는 사람은 이미 앞으로 많이 진행해 나간 상태이고 포탄이 한라산에 도착할 때면 그 포탄은 한라산의 서쪽으로 치우쳐서 떨어지게 된다. 즉 북반구에서는 포탄이 곧장 날아가지 못하고 휘어져 날아가게 된다.

이렇듯 원래의 방향과는 다른 방향으로 바꾸어 주는 힘이 지구의 자전에 의해 생기게 되는데 이를 방향을 바꾸어 주는 힘이라는 뜻에서 전향력이라고 부른다. 이 전향력을 처음으로 발견한 사람은 코리올리인데 그의 이름을 따서 코리올리 힘이라고 부르기도 한다. 남반구에서는 어떻게 될까? 북반구하고는 완전히 반대 방향으로 전향력이 존재하게 된다.

이 전향력은 지구 표면을 덮고 있는 대기에 상당한 영향을 미치게 된다. 무역풍이나 편서풍 등이 생기는 것도 바로 이러한 전향력으로 인해서 그렇다. 지구의 날씨가 변화무쌍하게 되는 이유 중의 하나도 이러한 전향력으로 인한 효과이다. 지구의 자전은 이렇듯 우리의 생활에 커다란 영향을 주고 있다.

35. 오로라는 왜 극지방에서 관찰되는 것일까?

지구에서 일어나는 여러 가지 자연현상 중 가장 아름다운 것 중의 하나가 바로 오로라다. 오로라는 지구의 고위도 즉 극지방에서 나타난다. 지구 모든 곳에서 아름다운 오로라를 볼 수 있다면 더 많은 사람이 보고 즐거워 할 텐데 그렇지 못해 많이 아쉽다. 오로라가 극지방에서만 관찰되는 원인은 무엇 때문일까?

오로라는 전기를 띤 작은 입자들이 지구의 대기권에서 가장 높은 곳에 위치한 열권 근처의 지구 대기와 마찰을 하면서 형형색색의 영롱한 불꽃을 만들어 내는 현상이다. 어떻게 이런 오로라가 만들어지게 되는 것일까?

태양은 계속해서 많은 양의 에너지를 내뿜고 있다. 이 중에는 다양한 종류의 전기 입자들도 무수히 많이 있다. 그중 일부가 태양열과 함께 지구로 다가온다. 태양과 지구 사이에는 거의 진공의 상태이기 때문에 아무런 방해도 받지 않고 다가오던 입자들은 지구에 가까워지면서 지구 대기와 지구 자기장을 느끼기 시작한다. 지구밖에서 보면 지구 대기권의 시작은 바로 열권에서부터 이루어진다. 열권은 지표면에서 약 80~100km 부근의 대기권이다. 태양에서 나온 전기를 띤 입자들은 열권에서부터 대기와 마찰을 일으키기 시작한다.

전기를 띤 입자가 움직이게 되면 자석의 성질을 갖게 되는데, 이는 태양에서 온 전기를 띤 입자들이 자석처럼 행동한다는 이야기이다. 따라서 이 입자들은 지구 자기장의 N극과 S극이 나오는 곳으로 많이 몰리게 된다. 지구 자기장의 N극과 S극은 지구의 남극과 북극 근처이다. 그렇기 때문에 태양이 방출한 전기를 띤 입자들은 지구의 극지방에 많이 머물 수밖에 없다. 그리고 그 근처에서 지구 대기와 태양이 방출한 입자들 사이에 마찰이 많이 일어나게 되고 이것이 바로 오로라 현상을 만드는 것이다.

오로라는 주로 지구 위도 65도를 넘는 지역에서 관찰이 가능하다. 유럽의 스칸디나비아에서 그린란드를 잇는 지역과 캐나다의 허드슨만에서 알래스카에 이르는 지역이 가장 오로라를 관찰하기에 좋다. 우리나라에서는 불행히도 오로라를 전혀 볼 수가 없다. 아쉽지만 어쩔 수 없으니 핑계 삼아 북유럽이나 캐나다 또는 알래스카로 여행을 가는 기회로 삼아도 좋지 않을까 싶다. 나도 언젠가는 그쪽 지방으로 가서 오로라를 평생 한 번만이라도 보기를 희망하고 있는데 언제가 될지는 알 수가 없고 단지 희망 사항으로 끝날지도 모를 것 같다. 신비롭고 아름다운 자연현상은 무궁무진하지만, 우리가 보고 경험할 수 있는 것은 그리 많지 않다. 주위에 오로라를 직접 관찰한 사람이 너무 부러울 뿐이다.

36. 엘니뇨는 왜 생기는 것일까?

엘니뇨는 스페인어로 '사내아이'란 뜻으로 태평양의 적도 부근 해수면 온도가 비정상적으로 올라가면서 나타나는 기상 이변이다. 특히 12월 말부터 다음 해 3월까지 남아메리카의 페루에서부터 에콰도르 연안에 이르는 해역의 온도가 이상적으로 급등하는 데서 그 원인이 있다. 이때 이 지역의 해수 온도는 평균 2~3도 심할 때는 8~10도까지 올라간다. 특히 20세기 후반에 엘니뇨가 극성을 부렸다. 하지만 엘니뇨 현상은 과거에도 있었던 것이다. 단지 그리 심하지 않았을 뿐이다.

엘니뇨가 발생하면 인도네시아를 비롯한 서태평양의 적도 부근과 동태평양의 해수 온도가 동반 상승하게 된다. 이로 인해 지구 전체에 가뭄과 홍수 및 폭풍을 불러오는 등 심각한 영향을 미치게 된다.

엘니뇨는 보통 3~4년 주기로 일어나는데 적도 부근의 해수와 불안정한 대기의 상호 작용으로 인한 것으로 알려져 있다. 만약 정상이라면 동남아시아 지역에는 고온다습한 상승기류가 만들어져 비가 많이 내려야 한다. 하지만 엘니뇨가 기승을 부리게 되면 정반대의 현상이 나타나 동남아시아에 심한 가뭄이 생기게 된다.

엘니뇨는 지구 전체의 기후에 막대한 영향을 미쳐 동북아시아에는 무덥지 않은 여름과 따뜻한 겨울이 오고, 인도네시아와 오스트레일리아에는 심한 가뭄이, 미국 서부에는 엄청난 폭우가 쏟아지기도 한다. 문제는 이러한 패턴이 예측 불가능하고 갑작스럽기 때문에 대비에 있어 어려움이 있다는 것이다.

1977년에는 엘니뇨로 인해 아르헨티나에서 한겨울인데도 섭씨 36도까지 오르기도 했고, 유럽 특히 독일과 폴란드에서는 200년 만에 대홍수를 겪기도 했다. 발트해 연안에서는 해수 온도의 상승으로 인해 독성 조류가 엄청나게 퍼져나갔고, 베트남에서는 모기의 급증으로 4천 명 이상이 뎅기열에 걸렸으며, 중국 서안 지역에는 엄청난 폭염으로 200명 이상이 사망하였다.

이러한 엘니뇨는 기상 이변의 문제뿐 아니라 식량 공급에 있어서도 엄청난 차질을 만들게 된다. 태평양 연안의 미국, 중국, 동남아시아, 호주는 전 세계 식량 공급의 많은 부분을 차지하고 있기에 엘니뇨가 심할 경우 곡물의 생산량에 문제가 생겨 곡물값이 엄청나게 올라가기도 한다.

하지만 이러한 엘니뇨를 예측하는 것은 그리 쉽지 않기 때문에 이로 인한 피해 예방에 만전을 기하더라도 그 피해 규모를 아주 줄인다는 것은 거의 불가능하다. 지구 온난화를 적극적으로 지구 전체의 문제로 생각하여 전 세계 모든 나라가 힘을 합치는 것만이 최선일뿐이다.

37. 아인슈타인의 노벨상

독일의 물리학자 필리프 레나르트는 유리관 안에 두 금속판을 서로 분리되게 하고, 유리관 밖에는 도선과 전류계로 두 금속판을 연결하는 회로를 만들었다. 레나르트는 밝기와 진동수가 다른 여러 가지 종류의 빛을 첫 번째 금속판에 쪼이고, 두 번째 금속판에는 빛을 쪼이지 않았다. 이 실험에서 첫 번째 금속판에서 떨어져 나온 전자는 사방으로 날아다니다 두 번째 금속판을 때리면서 회로에 전류가 흐르기 시작했다. 이러한 현상을 광전효과라고 한다.

레나르트는 희미한 빛을 사용할 때보다 밝은 빛을 쪼일 때 더 많은 전자가 방출된다는 사실을 발견했다. 그러나 빛의 세기를 조절해도 방출되는 전자의 속도에는 별 영향을 미치지 않았다. 레나르트는 반대 방향으로 약한 전압을 걸어 전자를 멈추게 하면서 전자의 에너지를 측정하였는데, 밝은 빛을 쪼일 때나 희미한 빛을 쪼일 때나 방출된 전자의 에너지는 항상 같다는 것을 발견하였다. 이는 예상하지 못한 결과였는데, 왜냐하면 더 많은 에너지를 지닌 밝은 빛이 입사되면 전자의 속도도 더 빨라질 것이라 생각했기 때문이었다.

미국의 물리학자 밀리컨은 레나르트의 실험 결과에 흥미를 느꼈다. 그는 여러 색깔의 빛으로 실험을 하면서 빨간색 빛은 광도가 아무리 강해도 전자를 전혀 방출시키지 못한다는 사실을 알게 되었다. 반면에 자외선과 파란색 빛은 전자를 잘 방출시켰다. 금속의 종류에 따라 차단 진동수가 다른데, 차단 진동수보다 낮은 에너지의 빛은 아무리 세게 쪼여도 전자가 방출되지 않았다. 이러한 문턱값 이상에서 방출되는 전자의 에너지는 빛의 진동수에 비례했다.

이러한 현상은 놀라운 결과로 당시 견해에 따르면 빛의 파동은 이와 반대로 작용해야 했다. 금속 표면에 쪼여진 전자기파는 전자를 서서히 달구어 빛 세기가 세면 박탈되는 전자의 개수도 많아지고 전자의 에너지도 더 커져야 한다. 그리고 진동수는 크게 영향을 미치지 못해야 한다. 그러나 실제로는 작고 빠른 파동은 전자를 잘 방출시켰지만 느린 파동은 아무리 커도 전자를 움직이게 할 수 없었다.

다른 문제는 전자가 너무 빨리 방출되는 것이었다. 빛의 에너지를 충분히 흡수하려면 시간이 걸릴 것이라 생각했는데, 전자는 즉시 방출되는 것이었다.

이 문제를 해결하기 위하여 알버트 아인슈타인은 빛이 작은 에너지 묶음의 형태로 존재하는 것이라고 주장했다. 아인슈타인은 금속의 전자를 방출시킨 것은 낱알로 이루어진 빛의 알갱이라고 생각했다. 빛의 알갱이는 비록 질량은 없지만, 진동수에 비례하는 에너지를 가지고 있다. 따라서 파란색 빛알과 자외선 빛알은 빨간색 빛알보다 힘이 더 센 것이다. 이 가설로 방출된 전자의 에너지가 빛의 밝기가 아닌 진동수에 비례하는 이유도 설명이 가능해졌다.

빨간색 빛알은 에너지가 충분하지 않아 전자를 방출시키지 못한다. 그러나 파란색의 빛알이 가진 힘은 전자를 방출시키기에 충분하다. 더 큰 에너지를 지닌 자외선 빛알을 맞은 전자는 속도가 더 빠르다. 빛의 밝기는 아무 상관이 없었다. 또한 전자의 방출이 빨리 일어나는 현상도 설명할 수 있었다. 전자를 방출하는 데에는 빛의 속도로 움직이는 빛알 하나면 충분한 것이다.

이로 인해 광전효과에 대한 레나르트의 실험적 결과가 완전히 이해될 수 있었다. 아인슈타인은 이 광전효과에 대한 이론으로 1921년 노벨 물리학상을 수상하게 된다.

38. 오존층이 파괴되는 과정은 어떻게 일어날까?

지구의 성층권에서는 태양 빛이 산소를 오존으로 전환할 수 있다. 지표면으로부터 약 15km에서 50km 높이에서 오존의 농도가 가장 높다. 이 오존층은 태양에서 오는 자외선을 아주 효과적으로 흡수해서 지구 표면에 도달하는 해로운 자외선을 감소시킨다. 또한 이것이 효과적인 광합성을 가능하게 만든다. 만약 이것이 깨지면 지구상에 사는 모든 생명체에게 심각한 피해가 초래될 수 있다.

1970년 네덜란드의 파울 크뤼첸은 연소 과정에서 생성되는 질소산화물이 성층권에서 오존이 고갈되는 속도에 영향을 미칠 수 있다는 것을 발견했다. 그는 또한 아산화질소가 같은 효과를 줄 수도 있다는 사실도 알아냈다.

1974년 미국의 마리오 몰리나와 셔우드 롤런드는 염화불화탄소(흔히 CFC 또는 프레온)의 광화학적 분해반응으로 생성되는 염소화합물이 성층권의 오존을 파괴한다는 사실을 밝혀냈다.

오존층의 파괴는 현대과학의 발전과 깊은 관련이 있다. 예를 들어 초음속 비행기는 성층권에서 질소산화물을 방출한다. 자동차와 많은 지상의 공장에서는 질소산화물을 방출한다. 냉장고, 에

어컨에서 나오는 프레온 가스와 에어로졸 분무제는 대기에 대량의 염소화합물을 방출한다. 이러한 것들이 모두 지구의 오존층의 파괴를 일으키게 된다.

현재 지구 대기권의 오존층은 이미 많이 파괴되어 있는 상황이다. 만약 이러한 현상이 더욱 진행된다면 지구환경은 생물체가 살아가기에 어려운 상황이 될 수도 있다. 이를 예방하는 것은 일개 개인이나 국가의 문제가 아니라 모든 국가와 전 세계적인 문제일 수밖에 없다.

크뤼첸, 몰리나 그리고 롤런드는 이 공로로 1995년 노벨 화학상을 수상하였다.

39. 트랜지스터는 어떻게 개발되었을까?

1950년대 인류를 전자공학의 시대로 열어 준 과학자들은 마로 존 바딘, 월터 브래튼, 윌리암 쇼클리이다. 고체물리학에서 가장 중요한 물질은 반도체인데 이는 도체와 부도체의 중간에 해당하는 물질이다. 위의 세 명은 제2차 세계 대전이 끝난 후 벨 연구소에서 만난다. 이 연구소에서는 반도체 연구팀이 있었는데 이 팀엔 능력이 뛰어난 사람들이 많았다.

바딘, 브래튼, 쇼클리는 합심하여 게르마늄 반도체의 박판에 수직으로 전기장을 걸어 운반체의 수를 제어하는 방식을 고안하고 이를 보다 보완하여 인류 최초로 pnp형 트랜지스터를 개발하였다.

당시 이 연구소의 경영진은 통신 시스템의 획기적인 발전을 위해서는 신소재 개발이 필수라고 생각하였다. 벨연구소는 고체연구부를 독립 부서로 격상시키고 그 밑에 자기, 압전기, 반도체 등의 여러 소그룹을 두는 조직으로 개편하였다. 이 반도체 연구팀에 바딘, 브래튼, 쇼클리, 무어 등이 있었다.

고체에서의 전기전도도는 원자핵의 제일 바깥 궤도를 돌고 있는 자유전자의 숫자가 결정한다. 반도체에 전지를 연결하면 -전기를 띤 자유전자가 +전극으로 빨려 들어가서 전기가 흐르게 되고, 자유전자가 이동하고 남은 자리에는 +전기를 띤 구멍이 생기게 된다. 이를 홀(hole)이라 부른다. 홀은 주변에 있는 전자들을 끌어당겨서 안정된 상태를 이루려 한다. 이때 끌려 들어간 전자가 있던 자리에는 다시 홀이 생긴다. 결국, 홀이 이동한 셈이다. 이렇게 전자가 +쪽으로 이동할 때 홀은 -쪽으로 움직이게 된다.

이러한 현상에 관심을 가졌던 과학자들은 반도체에서 자연스럽게 발생하는 전자와 홀의 수에 만족하지 않고 다른 불순물을 넣어 전자 혹은 홀의 수를 늘리는 방법을 고안하였다. 대표적인 반도체인 실리콘과 게르마늄은 4족 원소로서 4개의 최외각 전자를 가지고 있다. 여기에 비소와 같은 5족 원소를 섞으면 최외각 전자는 모두 9개가 된다. 이 중에서 8개는 안정된 결합을 이루고, 전자 하나가 남게 된다. 이 전자는 자유전자로 전기를 운반한다. 음전하를 띤 전자가 전기를 나른다는 뜻에서 이것을 n형 반도체라고 한다.

이와 달리 3족 원소인 인듐을 불순물과 섞으면 최외각 전자는 모두 더해도 7개밖에 되지 않는다. 8개의 안정된 결합에서 1개가 모자라기 때문에 그곳에는 홀이 생긴다. 이 홀은 자유전자와 반대 방향으로 움직여 마치 양전하가 움직이는 것과 같은 효과를 낸다. 그래서 이를 p형 반도체라 한다.

벨연구소의 반도체 연구팀이 연구의 출발점으로 삼았던 것은 제2차 세계대전 중에 사용된 레이더 검파기였다. 레이더 검파기는 초기 라디오 검파기를 개량한 것으로 게르마늄을 원료로 사용하면서 인을 불순물로 첨가하고 있었다. 레이더 검파기를 통해 당시의 과학자들은 게르마늄과 같은 4족 원소가 반도체의 원료로 적절하며, 인과 같은 5족 원소를 도핑하면 전류의 운반체가 증가한다는 점을 명확히 인식할 수 있었다. 문제의 핵심은 전류의 운반체가 되는 전자나 홀의 수를 적절히 제어함으로써 전기 신호의 진폭을 증대시키는 증폭 효과를 얻어내는 데 있었다.

쇼클리는 게르마늄 반도체의 박판에 수직으로 전기장을 걸어서 운반체의 수를 제어하는 방식을 고안하였다. 실험 장치로는 엷은 석영판의 윗면에 반도체 박막을 붙이고 아래 면에 금속 막을 증착시킨 후 반도체 막과 금속막 사이에 전극을 부착시킨 것이 사용되었다. 그는 두 막 사이에 걸린 전압을 매개로 운반체의 수, 즉 전류를 제어할 수 있다고 생각하였다. 그의 가설에 따르면 이 방법을 사용하면 증폭 작용이 일어나야 했으나 실험은 번번이 실패로 돌아갔다.

쇼클리는 바딘에게 자신의 실험이 번번이 실패한 원인을 분석해 달라고 요청하였다. 연구 끝에 바딘은 미세한 증폭 효과가 나타나긴 하지만 반도체의 표면 상태에 문제가 있어 그것을 관찰할 수 없다고 평가하였다. 즉, 운반체 대부분이 반도체의 표면에 잡혀버려 반도체의 내부는 전기장이 차단되어 버렸다는 것이다. 이러한 바딘의 가설은 브래튼의 실험에 의해 확인되었다.

반도체 표면상의 문제를 회피하기 위해서 바딘과 브래튼은 반도체를 전해액에 담근 뒤 전압을 걸어주는 실험에 착수하였다. 그 결과 증폭 작용을 얻을 수 있었으나 그 효과가 너무 적다는 문제가 발생하였다.

이러한 문제점을 해결하기 위해여 브래튼은 플라스틱 칼을 금박으로 싼 뒤 그것을 면도날로 가느다랗게 베어 2개의 슬릿을 만들었다. 이 금박을 게르마늄 본체에다 붙인 뒤 하나의 슬릿에는 작은 전압을 걸고 다른 하나의 슬릿에는 큰 전압을 걸었더니 증폭 전류가 흐르는 현상이 나타났다. 바딘과 브래튼은 이러한 장치를 개량하여 금박 슬릿 대신에 금속 칩을 사용하여 반응물 사이의 거리를 더욱 가까이 접근시켰다. 이것이 1947년 12월 16일에 역사상 최초로 발명된 트랜지스터이다. 이것이 바로 인류가 전자공학의 시대로 진입하게 되는 문을 연 순간이었다.

40. 비행기는 어떻게 개발되었을까?

본격적인 동력 비행기에 대한 발상은 라이트형제가 아니라 스미소니언 연구소 교수였던 랭글리가 처음이었다. 그는 기술자이자 천문학자로 여러 대학에서 천문학 교수를 역임했고, 나중에 스미소니언 연구소에서 동력비행기 개발을 추진하였다. 랭글리는 앞뒤로 배치한 두 개의 날개를 가진 모형비행기를 만들고 그것을 확대하여 동력을 실으면 비행기 개발에 성공할 것이라고 생각하였다.

1903년 라이트 형제가 첫 비행에 성공하기 며칠 전에 랭글리는 포토맥 강에서 동력기 에어로드롬호의 시범비행을 시도하였다. 그는 비행기 몸체에 소형 증기기관으로 돌아가는 프로펠러를 장치했다. 포트맥 강 위에 설치한 활주대를 출발했지만 결과는 실패했다. 그의 비행기는 출발하자마자 곧바로 곤두박질쳐서 추락해 버린 것이었다.

그의 비행기 날개의 강도는 상대적으로 약했으며, 동력으로 탑재했던 증기기관도 너무 무거웠다. 출발하자마자 그의 비행기는 앞날개가 부서졌고 전혀 활공하지 못한 채 곧 강으로 떨어지고 말았던 것이다.

라이트 형제가 성공한 요인은 모형비행기가 아닌, 실물의 글라이더에서 출발한 것에 있었다. 1890년대 유럽에서는 전문적으로 글라이더를 타는 기술을 겨루는 경쟁이 있었다. 그 중에서 뛰어났던 인물이 바로 독일의 릴리엔탈이었다. 그는 1890년부터 1896년 사이에 2,000번 이상을 비행하였는데, 최고 250m를 날아간 적도 있다. 그는 그의 경험과 결과를 "비행술의 기초로서의 새의 비상"라는 제목의 책으로 펴냈다. 라이트 형제는 이 책을 읽고 크게 감명을 받았다. 그리고 릴리엔탈의 실패를 분석하여 진짜 동력으로 날 수 있는 비행기를 만드는 것을 자신들의 목적으로 정했다.

라이트 형제는 릴리엔탈의 글라이더를 복엽 글라이더로 개량하여 활공기술을 익혔고, 1900년부터 1902년까지 1,000번 이상의 비행을 시도하였다. 1903년 12월 17일 라이트 형제는 드디어 동력비행기의 첫 비행에 성공하게 된다. 이 성공은 동생인 오빌 라이트의 재능있는 조종기술이 큰 역할을 하였다.   당시에는 랭글리 외에 맥심 등도 동력비행기 연구에 매진하고 있었지만, 그들은 글라이더에서부터 시작하는 것을 경시하고 있었다. 동력비행의 성공에 있어 중요한 것은 불안정한 대기 속에서 안정하게 균형을 잡는 것과 공중에 오래 머물 수 있는 양력을 연구할 필요가 있었다. 그럼에도 불구하고 그들은 먼저 동력을 완성했고 그것을 이론으로만 생각하여 비행기 몸체에 장치하였다. 그들의 비행기가 날지 못했음은 어쩌면 당연한 것인지도 모른다. 안정된 글라이더의 설계는 동력기의 설계보다 더 어렵다. 동력기는 동력의 힘을 빌려서 양력을 내는 것이지만 글라이더는 균형을 유지함으로써 날지 않으면 안 되기 때문이다. 글라이더가 제대로 되면 나중에 엔진을 장착하여 나는 것은 생각보다 쉽다. 글라이더에서부터 출발한 라이트 형제의 동력비행기 제조 방향은 아주 적절했다고 할 수 있다.

1903년 12월 17일 오전 10시, 동생 오빌이 탄 '플라이어 1호'는 노스 캐롤라이나 주 키티호크 해안을 날아올랐다. 체공 시간은 12초, 거리는 36m에 불과했지만 인류 최초로 동력비행에 성공한 순간이었다. 플라이어 1호는 이날 네 번의 비행에서 체공 시간과 거리를 59초와 260m로 확대했다. 1호를 개량한 2호는 1904년 말에 체공 시간 5분으로 이동 거리 5km, 1905년 10월에는 39km로 늘어났다. 1908년에는 형 윌버가 프랑스에서의 시험비행에서 1시간 14분으로 늘어났고, 그 해 마지막 시도에서는 2시간 20분으로 145km를 날았다.

짧은 시간 동안 발전을 거듭한 플라이어는 아주 우수했으며 비행원리에 합치된 완전한 것이었다. 이 위대한 인류 최초의 동력비행기가 성공할 수 있었던 것은 사실 자전거 기술 덕분이었다. 라이트 형제는 원래 자전거 가게를 운영했었다. 1892년 두 사람은 함께 자전거를 제조, 판매, 수리하는 일을 시작했다. 형 윌버는 소극적이어서 정리하는 역할을 맡은 것에 비하여 동생 오빌은 재기가 넘치고 굉장히 사회적이었다. 두 사람의 자전거 사업은 상당한 성공을 거두었다. 그리고 두 사람은 하늘을 난다는 꿈을 가지고 연구를 거듭하여 이와 같이 위대한 업적을 이루었던 것이다. 플라이어 비행기에는 자전거의 기술이 많이 도입되었다. 비행기 몸체의 프레임도 자전거와 같았고 자전거 제작에서 얻은 라이트 형제의 경험이 구석구석에 배어있었다. 또한 나중에 개발된 플라이어호는, 이착륙용으로 처음에 장치한 썰매형을 개조하여 자전거의 바퀴를 연결한 것이었다. 동력비행에 성공한 이후부터 형제는 자전거 사업을 정리하고 비행기 제조회사를 세웠다.

당시 최초의 동력비행 성공을 목표로 했던 사람들은 라이트 형제나 랭글리뿐만 아니었다. 유럽, 특히 프랑스의 기술자들도 경쟁 상대였다. 오히려 프랑스 쪽이 기술적으로 앞서 있었는데, 항공기 연구 분야에서 완전히 후진국이었던 미국의 라이트 형제가 첫 비행에 성공했다는 소식을 들은 프랑스의 기술자들은 그 사실을 믿지 않았다. 그러나 형 윌버가 1908년 프랑스로 가 현지에서 실제로 보여준 '플라이어2호'의 2시간 20분, 145km가 넘는 비행을 보자 프랑스 기술자들의 라이트 형제의 성공을 인정해야 했다. 당시 프랑스 기술자들이 놀랐던 것은 그 비행시간이나 거리뿐만 아니라 비행기를 안정하게 선회시키는 성능이었다.

수평비행 중에는 글라이더에 난류가 잘 생기지 않지만, 이륙하거나 선회 비행 중에는 난류가 발생하기 쉽고, 이때 생긴 난류에 의해 기체가 불안정해진다. 이로 인해 이륙할 때의 안정성 유지가 동력비행기 성공을 위한 첫 번째 관문이었다.

라이트 형제는 릴리엔탈의 저서에 나와 있는 새가 비상하는 기술과 기르고 있던 비둘기를 잘 관찰해서 안정된 상태의 비행을 위해 날개를 비틀고 휠 필요가 있다는 사실을 알았다. 그리고 이러한 사실을 그들의 비행기 복엽 구조에 채용했던 것이다.

여기서 휘어짐이 필요한 까닭은 날개는 반드시 유연성이 있어야 공기에 대한 저항성이 약해져서 비행기가 안정되기 때문이다. 새의 경우에는 관절이 있는 뼈와 깃털에서 이러한 유연성이 실현되는 것이다.

또 다른 중요한 것은 날개를 비트는 것인데, 라이트 형제는 엎드려서 타는 조종자 허리의 좌우를 움직임으로써, 주 날개를 비틀어지게 했다. 이것으로 기류의 불안정함과 양력의 불균일한 점을 조정하면서 안정되게 날 수 있는 기술을 개발한 것이었다. 그때까지의 비행기 날개로는 이와 같은 양력 조정이 불가능했으므로 한번 기울어지면 그대로 선회하여 비행기가 추락했기 때문에 이를 다시 고칠 수 없었다.

첫 비행을 조정한 동생 오빌은 이륙할 때 부지런하게 허리를 움직여서 좌우의 기울기를 조정함으로써 추락을 막고 안정적으로 상승시켰다고 한다. 라이트 형제가 만든 비행기가 성공하게 된 최대 요인은 이와 같은 '비틀 수 있고 휘어지는 날개'가 가장 중요했던 것이다. 비행기 전체의 프레임은 자전거 기술로 튼튼하게 만들었지만, 주 날개는 새의 날개처럼 아주 부드럽게 만들었다. 오늘날 이 원리는 '보조날개'의 기술로 이어졌다. 불안정한 기류가 있을 때 사용하거나 선회할 때 이용한다. 튼튼한 주 날개의 앞부분에서 뒤로 달려있는 날개이다.

프랑스 기술자들은 비트는 날개에 대한 착상이 없었다. 라이트 형제는 이 비트는 날개의 기술을 최대의 비밀로 했으며 여러 나라의 기자들에게도 감추었다.

라이트 형제, 그들은 세계 최초로 동력비행기로 하늘을 날았고, 그들은 인류에게 하늘을 날 수 있게 되는 역사를 안겨주었다.

41. 최초의 원자로는 어떻게 만들어졌을까?

인류 최초로 핵분열을 인공적으로 조절하여 원자로를 만든 사람은 바로 이탈리아 출신의 미국과학자 엔리코 페르미이다. 그는 어릴 때부터 수학과 과학에 남다른 재능을 보여 수재로 통하였다. 그는 21살 때 박사학위를 받았고 25살에 로마 대학의 교수가 된다.

1933년 그는 베타붕괴에 대한 연구를 하였는데, 이는 베타붕괴에 있어서 전자와 함께 방출되지만 실제로 검출하기 어려운 입자의 존재를 가정하여 베타붕괴를 명쾌하게 설명할 수 있었다. 그 입자는 나중에 페르미에 의하여 중성미자로 불려졌다. 페르미는 중성미자에 의한 문제를 풀기 위해 소위 약력으로 불리는 새로운 힘을 제안하였다. 이 약력은 나중에 자연계에 존재하는 새로운 기본적인 힘으로 인정되었다. 이 업적으로 페르미는 1937년 노벨 물리학상을 받게 된다.

노벨 물리학상 시상식에 참여한 후 그의 아내가 유태인이었기에 고국으로 돌아가면 아내가 위험해질 것으로 판단하고 미국으로 망명하게 된다. 그는 시카고대학의 교수로 자리를 잡고 이후 수많은 논문을 써내며 당대 최고 물리학자의 반열에 오른다.

페르미의 업적 중 가장 중요한 것은 바로 시카고대학 물리학 건물이 있는 지하에 그의 지도로 인류 최초로 핵분열을 인위적으로 조절할 수 있는 원자로를 만든 것이다.

페르미가 미국으로 망명한 직후에 독일의 과학자인 오토 한은 핵분열 현상을 발견하였다. 페르미는 핵분열 연쇄반응을 지속적으로 일으킬 수 있는 가능성을 타진하기 시작하였다. 그 열쇠는 너무 많은 중성자들이 분열을 일으키지 않고 흡수될 수 있도록 중성자의 속도를 느리게 만드는 데 있었다. 마침 컬럼비아 대학에는 헝가리 출신의 물리학자인 실라드가 이에 대해 연구하고 있었다. 페르미와 실라드는 핵분열 연쇄반응을 실험하기 위해 원자로가 필요하다는 점을 절감했고, 원자로의 감속재로는 흑연이 적당하다는데 의견을 같이 하였다.

페르미 연구팀은 1940년부터 높다란 흑연 파일을 만들고 여러 지점에서 중성자의 세기를 측정하는 실험을 진행하였다. 페르미는 1942년 11월부터 핵분열 반응을 안정적으로 실시할 수 있도록 원자로를 만드는 작업을 추진하였다. 그것은 극반경 309cm, 적도반경 388cm의 타원형으로 제작되었다. 반응의 효과를 극대화하기 위하여 원자로를 흑연 벽돌로 만들었고, 카드뮴 막대로 빈틈을 채워 원자로를 통제하게 했으며, 반응 물질로는 순수 우라늄과 산화우라늄을 사용하였다. 그 원자로는 시카고파일 1호기로 불렸다. 1942년 12월 2일 드디어 인류 최초로 원자로를 가동하는 실험이 실시되었다. 원자로에서 카드뮴 막대를 인출하자 연쇄반응이 시작되었고 그 반응은 계획대로 조절될 수 있었다. 이로 인해 핵분열로 인해 나오는 핵에너지를 인류가 사용할 수 있게 되었다.

42. 원자핵은 어떻게 발견되었을까?

뉴질랜드에서 태어났던 어니스트 러더퍼드는 1895년 영국의 캐번디시 연구소에 외국인 연구 학생으로 온다. 여기서 그는 전자를 최초로 발견한 J. J. 톰슨 밑에서 공부를 한 후 캐나다의 맥길 대학 물리학과로 자리를 옮긴 후 알파 입자에 관한 연구를 시작한다. 당시 맥길 대학에는 화학자였던 프레더릭 소디가 있었는데 그는 느린 속도로 방사능을 방출하며 다른 원소로 변환되는 원소를 발견했다. 그는 방사성 원소인 토륨은 붕괴되면서 헬륨과 다른 원소들로 변한다는 것을 알아냈다. 이 발견이 중요한 이유는 방사성 원소에서는 에너지 보존 법칙이라는 보편적 원리가 완벽하게 지켜지지 않는다는 것과 화학 원소들은 불변의 물질이 아니라는 것이다.

1907년 영국의 맨체스터 대학으로 돌아온 러더퍼드는 방사성 물질에서 방출되는 알파 입자에 대해 더욱 깊은 연구를 한다. 마침 이때 우라늄에서 방사선을 처음으로 발견한 베크렐은 알파 입자가 공기 분자에 의해 경로에서 튕겨 나가는 것으로 보인다는 실험 결과를 발표하게 되는데, 러더퍼드는 어떻게 그것이 가능하게 되는 것인지 자신 나름대로의 실험을 하기 시작한다.

당시 러더퍼드 밑에는 훗날 알파 입자를 검출하는 데 성공한 최초의 실험기구인 가이거 계수기를 발명한 한스 가이거가 있었다. 러더퍼드는 가이거와 함께 얇은 금박지에 충돌시킨 알파 입자 8,000개 중 1개가 튀어나온다는 것을 알아냈다.

그리고 1911년 11월 러더퍼드는 알파 입자의 경로를 편향시키기 위해서는 원자의 중심에 원자 질량 대부분이 고도로 농축된 전하의 덩어리가 있어야 한다는 결론을 내리게 된다. 러더퍼드는 양성자를 방출하는 금박과 같은 물질에 알파 입자를 충돌시켰을 때 알파 입자가 편향되는 것은 충돌하는 물질 속에 있는 매우 작으면서도 단단한 무엇인가가 존재하기 때문이라고 생각했다.

러더퍼드는 원자의 모습에 대해 원자의 중심에는 어느 한 점에 고도로 밀집된 전하의 덩어리가 있고 중심에 밀집되어 있는 전하와는 반대인 전하가 구형의 균일한 분포를 이루며 주변을 둘러싸고 있다고 주장했다. 이것이 바로 최초로 원자핵을 발견하게 된 순간이었다.

러더퍼드의 발견은 원자의 진정한 구조를 현대적으로 이해할 수 있게 해주는 초석이 되었다. 그리고 그는 비록 영국의 식민지인 뉴질랜드 출신이었지만 이 공로로 1914년 기사 작위까지 받게 되고 노벨 화학상도 수상하게 된다.

43. 현대 우주론

아서 에딩턴은 1882년 영국의 켄달에서 태어나 케임브리지에서 천문학과 수학을 공부한 후 그리니치 왕립 천문대에서 일하면서 별의 내부 구조에 대한 연구를 하였다. 그는 별의 내부에서 기체의 복사평형을 다룬 칼 슈바르츠쉴트의 이론에 특별한 관심을 가졌다. 에딩턴은 바깥쪽을 향해 나가는 별의 복사선이 별을 에워싼 바깥 껍질의 질량에 의한 무게와 맞먹는 기체압력을 만들어 내며, 별의 질량과 별이 에너지를 복사하는 비율 사이에는 직접적인 관계가 있음을 보였다. 즉, 태양보다 질량이 여러 배 더 큰 별은 거기에 대응하여 그만큼 짧은 수명을 가진다는 것이다.

에딩턴은 상대적으로 몇 안 되는 별들만 태양보다 10배 이상 무거우며 태양의 질량보다 50배가 더 큰 별들은 지극히 드물 것으로 결론지었다. 에딩턴은 또한 몇 개의 붉고 거대한 별들의 지름도 계산했으며 그의 계산을 시리우스별에 딸린 왜성에 적용했는데 그 별의 밀도가 에 달하는 것으로 나타났다. 이 밀도는 사실 너무나도 큰 결과였는데, 그 별에서 나오는 스펙트럼 띠의 적색이동이 아인슈타인의 상대론에 의한 결과가 거의 같다는 것이 윌슨산 천문대의 천문학자들에 의해 확증되었다.

별의 색깔과 밝기에 대한 헤르츠슈프룽-러셀의 도표가 옳은 것으로 인정되려면 태양질량 정도의 질량을 가진 별들이 복사하는 비율을 살펴볼 때 별들의 진화과정 시간이 수조 년에 이른다는 에딩턴의 결론 또한 매우 혁명적이었다. 그는 그렇게 오랫동안 별들을 태우는 화학 에너지의 근원을 찾아낼 수 없었으므로, 1917년 별에서는 핵 과정에 의해 연료가 공급된다고 제안했다.

에딩턴이 오토 한과 리제 마이트너가 핵분열을 발견하기 20년이나 더 이전에 이런 제안을 내놓았으므로 당시엔 많은 사람들이 의심을 샀다. 하지만 그는 별에 에너지를 제공할 수 있는 아무런 대체근원이 없다면서 그의 주장을 굽히지 않았는데, 1938년 한스 베테가 별의 에너지에 대한 탄소-순환이론을 발표하자 결국 그가 옳았음이 밝혀졌다.

에딩턴은 1919년 기니아만의 프린시페 섬에 원정대를 이끌고 가서 개기일식을 촬영했고 이로써 일반상대론의 중심적인 예견 중의 하나인 중력이 빛의 경로를 휘게 한다는 가설을 확인하는데 필요한 실험적 증거를 제공했다.

1920년대에 에딩턴은 상대론과 양자론을 통합하는 대이론을 수립하려는 생각에 집착해 있었다. 그는 빛의 속력이나 플랑크 상수와 같은 자연의 기본 상수가 이 노력을 푸는 열쇠라고 보았다. 그는 우주 속에 들어 있는 입자들의 수에 대해 오늘날 보통 받아들여지고 있는 것과 크게 다르지 않은 값을 계산했으며 25개가 넘는 물리 상수들의 값도 계산했다. 불행하게도 두 이론을 조화시키면서 당면한 어려움들과 실험결과에 의해 뒷받침되지 않는 물리 상수들의 의미를 일반화하는데 너무 의존한 나머지 그는 더 이상 진전을 이룰 수는 없었다.

중성자가 발견된 이래 핵물리학은 빠르게 성장하면서, 별에서 에너지를 만들어 내는 열핵융합 과정에 대한 이론이 1936년 한스 베테에 의해 개발되었다. 그는 수소가 헬륨으로 열핵융합 하는 두 가지 다른 과정을 분석했다. 첫 번째는 양성자-양성자 연쇄반응인데, 여기서는 네 개의 양성자가 일련의 단계들을 거친 후에 한 개의 헬륨 핵으로 융합되었다. 두 번째는 탄소-질소 순환으로서 여기서도 또한 네 개의 양성자가 한 개의 헬륨으로 융합되지만 직접 그렇게 되지는 못하고 탄소가 촉매로 작용한다.

양성자-양성자 연쇄반응은 절대온도의 네 제곱에 비례하여 일어나지만, 탄소순환은 온도의 20제곱에 비례한다. 이와 같이 온도에 의존하는 모양의 차이 때문에, 양성자-양성자 연쇄반응은 태양과 같거나 더 작은 질량을 갖는 별에서 일어나는 반면, 탄소순환은 좀 더 무거운 별들에서 나타난다.

2차 세계대전이 시작될 무렵, 천체물리학자들은 열핵 에너지 발생에 대한 베테의 방정식을 에딩턴의 별 내부 방정식과 결합하기 시작했다. 이렇게 얻어진 별에 대한 모형들은 별의 상수들(질량, 반지름, 표면온도, 화학적 구성비 등)에 대해 별들로부터 관찰된 성질과 넓은 범위에 걸쳐 놀랄 만하게 맞아 떨어졌다. 이 모형들은 별의 구조에서 질량과 화학적 구성비가 중요하다는 것을 보여주었고, 이 두 변수가 별의 구조를 유일하게 결정한다는 것을 증명했다.

핵물리학에 대한 자료가 증가함에 따라 천체물리학자들은 개별적인 별의 모형을 넘어서서 별들의 모임의 진화에 대한 이론들을 발전시킬 수 있게 되었으며, 그 결과는 관찰된 것과 아주 잘 일치했다. 별의 질량이 그 진화를 결정하는데 가장 중요한 변수이다. 별은 무거울수록 핵연료를 빨리 태우고 더 빨리 진화한다. 별의 질량은 또한 그 별의 생명을, 즉 별의 마지막 상태가 백색왜성으로서 끝날 것인지 아니면 중성자별이나 블랙홀로 끝날 것인지를 결정한다.

모든 별은 맨 처음 수소를 태워서 헬륨을 만든다. 그리고 나서 적색거성의 단계에 다다르면 헬륨을 태워 탄소를 만들며 진화한다. 태양 정도의 질량을 갖는 별은 탄소 핵을 더 무거운 핵으로 핵 변환시키는데 필수적인 중심부 온도를 수억 도 이상으로 올릴 만큼 힘을 내기에 그 질량이 충분하지 못하므로 탄소 단계를 넘어서 진화하지 않는다. 태양이나 그와 비슷한 별들은 그래서 적색거성의 단계를 지난 다음에는 백색왜성 단계에서 정착한다. 그런 별들에서는 모두 동일한 상태에 놓인 자유전자들의 압력이 더 이상 붕괴하는 것을 막아준다. 이 전자들은 상대적으로 고정되어 있고 촘촘히 들어찬 원자핵들 사이를 자유롭게 움직인다.

태양보다 더 무거운 별들은 백색왜성에서 평형상태를 유지할 수 없다. 그런 별들은 백색왜성 단계를 넘어서 자유전자들이 강제로 무거운 원자핵 속으로 들어가 원자핵에 들어있는 양성자가 중성자로 바뀔 때까지 붕괴를 계속한다. 그런 원자핵은 불안정하기 때문에, 그 별이 거의 완전히 중성자로 이루어질 때까지 중성자를 방출한다. 그러면 그 별은 중성자별이 되며 이런 별은 매우 빨리 회전하므로 무척 강한 자기장으로 둘러싸여 있다. 그 별이 더 이상 중력적으로 붕괴하지 않는 것은 동일한 상태에 놓인 중성자들의 압력 때문이다.

만일, 별이 아주 무거우면 그 별은 중성자별 단계를 지나서도 계속 붕괴하여 블랙홀이 된다. 블랙홀 근처의 공간-시간은 극한에 이를 정도로 휘었기 때문에, 휠러가 그랬던 것처럼 블랙홀을 조사하기 위해서는 일반상대성 이론을 적용하지 않을 수 없다. 무거운 별과 같은 구형의 무거운 물체가 오그라들면, 그 표면에 작용하는 중력의 힘이 너무 커서 표면으로부터의 탈출 속력이 빛의 속력과 같아진다. 그래서 빛 자체도 표면을 빠져나올 수 없으므로, 그것은 보이지 않게 된다. 직접 볼 수 없는 블랙홀의 존재는 그 주위를 회전하는 볼 수 있는 별의 행동으로부터 추론할 수밖에 없다. 그래서 시그너스 X-1에서 방출하는 매우 작고 보이지 않는 영역이 관찰되었는데, 무거운 별 한 개가 5.6일마다 한 번씩 그 주위를 회전했다. 이 보이지 않는 X선의 근원이 보이는 무거운 별들이 떨어지고 있는 블랙홀이라 예상된다.

휠러는 일반상대론을 이론적으로 연구하면서 중력에 의한 붕괴의 동작 원리에 대해 궁금증을 느꼈다. 그가 수행한 계산에 의하면 적어도 태양보다 질량이 세 배가 되는 별의 열핵난로가 일단 타기를 멈추면 그 별은 휠러가 블랙홀 상태로 오그라드는 것이었다. 간단히 말하면, 그 별은 대기로부터 죄어들어 오는 힘을 더 이상 버틸 수 없게 되어 결국 지름이 수 킬로미터밖에 되지 않을 때까지 스스로 붕괴하고 만다. 그런 물체의 표면에서 중력장의 세기는 너무 커져서 빛까지도 도망 나올 수 없으며 그 별은 보이지 않게 된다. 휠러는 빛 신호가 결코 도망가지 못할 정도로 우주의 질량이 공간을 충분히 휘게 만들어서 우주 자체가 거대 블랙홀에 놓여 있을지도 모른다고 제안했다.

무거운 별들의 진화에서 중요한 결과는 그 별들로부터 우주에서 오늘날 관찰되는 무거운 원소들이 만들어졌다는 것이다. 이런 대단히 큰 별들의 중심부 온도는 수십억 도에 이르며, 그래서 그 별들에 존재하는 가벼운 원자핵들은 서로 충돌한 다음에 합쳐져서 무거운 원자핵을 이루기에 충분히 빠른 속도로 움직인다. 그렇게 무거운 별들은 그들의 진화의 마지막 단계에서 철로 이루어진 중심부를 다 만들면 격렬하게 붕괴된 다음 폭발하여 초신성이 된다. 이런 과정에서 철로 이루어진 중심부는 붕괴 과정에서 어마어마하게 수축되어 재빨리 회전하는 중성자별로 변하며, 폭발된 물질은 중심부에서 빠르게 밖으로 팽창하여 별들 사이에 존재하는 물질로 이루어진 구름에 무거운 원자핵을 주입시키고 다음 세대 별들을 만드는 재료를 보강한다.

우주의 동작 원리를 이해하려면 우주에 대한 두 가지 성질을 아는 것이 중요하다. 첫째는 굉장히 먼 거리에서 매우 밝은 물체가 발견되었다. 이 물체는 수십억 광년이나 떨어져 있는 퀘이사들인데 지금까지 관찰된 것들 중에서 가장 멀리 떨어져 있는 물체들이다. 퀘이사가 사진 건판에서는 별처럼 보이는 물체이므로, 그들이 위치한 광대한 거리로 미루어 보건대 그들은 또한 알려진 것들 중에서 가장 밝게 빛나는 물질의 집결체이다. 가장 멀다고 알려진 퀘이사는 우리로부터 약 100억 광년이나 멀리 있으며, 주어진 부피 안에 들어있는 퀘이사 수는 거리가 커질수록 다 많아짐이 발견되었다. 그러므로 퀘이사들은 우리에게 수십억 년 전의 초기우주에 관한 무엇인가를 말해준다. 퀘이사가 그 광대한 거리에도 불구하고 사진 건판에서 보통 별의 상과 같게 보이기 위해서는, 그것이 극도로 밝은 물체임을 의미한다. 퀘이사에 관계된 모든 정보로부터, 천문학자들은 전형적인 한 퀘이사가 100개의 은하계가 모인 것만큼 밝다고 추산한다. 퀘이사가 갖는 에너지의 근원이 아직도 불가사의이다.

우주의 동작 원리에 대한 두 번째 놀라운 성질은 모든 공간에 퍼져 있는 우주의 배경 복사이다. 이 복사는 1965년 아르노 펜지아스와 로버트 윌슨이 전파망원경으로 우연히 발견하였다. 공간의 모든 방향에서 균일하게 우리에게 들어오는 이 장파장의 복사는 매우 차가운 열흑체복사이다.

그것은 온도가 2.7K인 난로에서 방출되는 열복사의 모든 특성들을 다 갖추었다. 이 배경 복사는 초기우주의 상태에 관한 이론적 추론을 확인해 주었다. 이 결과는 우주가 정적인지 아니면 팽창하는지에 대한 명확한 방향을 제시해 주었다.

1920년대 에드윈 허블은 멀리 떨어진 은하계로부터 나온 스펙트럼들을 조직적으로 조사하기 시작했으며, 먼 은하계들이 우리로부터 떨어진 거리에 비례하는 속력으로 점점 더 멀어져가고 있다는 명백한 증거를 얻었다. 그는 이 현상을 단위거리마다 은하계들이 멀어지는 비율을 알려주는 법칙의 형태로 만들었다. 이 비율을 나타내는 수를 "허블상수"라고 한다. 이 상수의 크기는 100만 광년마다 매초 약 160km인데, 이는 우주가 팽창한다는 확실한 증거가 되었다.

허블은 은하계의 거리를 조사하여 그의 가장 위대한 업적을 이룰수 있었다. 그것은 은하계까지의 거리와 은하계가 바깥방향으로 멀어져 가는 속도는 비례한다는 법칙이다. 그는 이전 연구로부터 은하계가 은하수로부터 더 멀리 위치할수록 그것이 더 빨리 멀어져감을 알았다. 허블은 거리가 100만 광년씩 멀어질수록 속도는 매초 약 160km씩의 비율로 증가한다고 추산했다. 이것을 더 깊이 조사함에 따라 이 관계가 1억 광년이 넘는 거리까지 성립된다는 것이 밝혀졌다.

아인슈타인은 1916년 우주전체에 그의 중력장 방정식들을 적용했다. 이 방정식들은 중력을 한 점 주위에서 그 부근의 질량과 에너지에 의해 만들어지는 공간-시간-곡률로 취급한다. 자신의 방정식을 적용하기 위해, 아인슈타인은 우주의 개별적인 질량들이 잘게 부서져서 매우 희박하고 등방적이며 균일한 물질이 안개처럼 모든 공간을 채운다고 상상했다. 그러면 우주에서 한 점은 그 점에서의 물질의 밀도와 공간-시간의 곡률로 특징지어질 것이다. 우주의 어느 곳에서 보던 우주는 모든 관찰자에게 동일하게 보여야만 된다는 유명한 우주 원리에 맞춰서 아인슈타인은 그의 우주에 대한 장방정식으로부터 정적이고 균일하며 등방적인 우주의 모형에 대응하는 풀이를 찾아보았다.

아인슈타인이 우주에 대한 연구를 수행할 당시에는, 먼 은하계들이 점점 멀어지는 것은 알려지지 않았다. 그래서 그는 우주가 정적이지 않다고 믿을 아무런 이유도 없었다. 그러나 우주의 정적 모형은 성립할 수 없었는데, 그 모형은 은하계들이 그들을 서로 잡아당기고 있는 중력의 힘에도 불구하고 공중에 떠서 서로 일정한 간격을 유지하도록 요구했기 때문이다.

그러므로 아인슈타인은 우주가 붕괴되지 않도록 막으려고 "우주상수"라고 부른 항을 더하여 그의 중력장 방정식을 약간 고쳤다. 이 추가의 항에 의해서 그는 장 방정식으로부터 유일한 반지름을 갖는 구형이고 닫힌 우주에 대응하는 정적풀이를 구했다.

우주에 대한 아인슈타인의 정적 모형이 아인슈타인의 우주 장 방정식으로부터 얻을 수 있는 유일한 것은 아니다. 이 사실은 여러 다른 우주론자들에 의해 예증되었는데, 특히 러시아의 알렉산더 프리드만은 아인슈타인의 장 방정식에서 우주의 반지름 R과 평균 질량밀도 등의 기본우주 변수를 시가에 의존하는 형태로 바꾸었다. 이 시간에 의존하는 우주방정식들은 정적인 우주보다는 동적인 우주를 요구한다. 아인슈타인의 정적 우주모형에서는 반지름이 R이 변하지 않으므로 은하계들 사이의 거리와 우주 평균밀도가 모두 변한다.

이 사실이 먼 은하계들이 멀어져간다는 허블의 발견으로 이어져, 우주가 팽창한다는 결론에 이르게 된다. 게다가 이 방정식들은 우주가 유클리드적인지 아니면 비유클리드적인지를 알려주는 우주의 기하가 우주가 팽창하는 비율과 우주에 포함된 물질의 평균밀도에 어떤 방식으로 관계되는지도 알려준다.

고에너지 입자물리학이 급속히 발전함에 따라 물리학자들은 지상에 국한된 실험실에서 만들어 낼 수 있는 에너지를 훨씬 능가하는 에너지가 존재했던 실험실로서 초기우주를 대하게 되었다. 그러므로 입자물리학자들은 우주 모형이 쿼크와 같은 기본 구성요소에 대한 어떤 중요한 성질을 드러낼 수 있을지 보려는 마음에서 우주 모형에 지대한 관심을 갖게 되었다.

일반적으로 대폭발이라고 말하는 우주가 탄생한 직후의 조건들은 어떠했을까? 아인슈타인의 장방정식에서 시간의 흐름을 반대방향으로 바꿈으로서 과거를 생각할 수 있다. 그러면 이 방정식은 시간을 거슬러 올라갈수록 우주는 점점 더 작아지며, 질량과 에너지밀도, 그리고 온도가 증가하며 허블 상수가 증가한다는 것을 알 수 있다.

우리는 어떤 에너지도 우주로 흘러들어 가거나 나올 수 없기 때문에 수축이 단열적으로 일어남을 잊지 말고, 단순히 일반적인 열역학 원리들을 수축하는 우주에 적용함으로써 초기우주의 전반적인 조건에 대하여 그럴듯한 모습을 그려 볼 수 있다. 열역학에 의하면 기체가 외부 힘에 의해 단열적으로 수축되면 기체의 온도가 올라가고 따라서 내부 에너지가 증가한다.

44. 원자의 구조와 물질의 화학적 성질

양자역학은 미시적 세계인 원자 내부의 구조를 파악할 수 있게 해 주는 도구이다. 즉 고전역학에서 운동 방정식을 풀어 물체의 운동에 관한 정보를 찾아내듯이 양자역학에서는 슈뢰딩거 방정식을 풀어서 원자 내 전자의 위치와 전자가 가질 수 있는 에너지 등과 같은 역학적 정보를 구할 수 있다. 그러나 양자역학 이전 과학자들은 한동안 원자 내부의 구조를 마치 태양계와 같은 모습으로 상상한 적이 있었다. 즉 만유인력을 작용하는 태양과 행성들로 구성된 태양계에서 행성들이 궤도를 따라 돌고 있듯이 원자의 내부에는 양의 전기를 띤 무거운 원자핵과 음의 전기를 띤 가벼운 전자들 사이에 전기적 인력이 작용하고 있으므로 원자 내 전자들도 원자핵 주위로 고정된 궤도상에서 돌고 있는 모습을 상상하였던 것이다.

그러나 양자역학을 적용하여 원자의 구조를 조사한 결과, 전자의 궤도란 존재하지 않고 다만 전자의 위치를 확률로서 말할 수 있을 뿐이라는 사실이 밝혀졌다. 뿐만 아니라 전자의 에너지도 양자화되어 전자는 불연속적으로 존재하는 에너지의 값 중에서 어느 한 가지를 가질 수 있다는 사실도 밝혀졌다. 또한, 전자가 그러한 에너지 중에서 어느 값을 가지는가에 따라 전자의 위치를 확률로 말해주는 파동함수도 달라진다.

원자 내 전자가 가질 수 있는 이러한 불연속적인 에너지의 값들을 에너지준위라고 한다. 만일 수직선으로 에너지를 표시한다면 원자 내 전자가 취할 수 있는 에너지는 이 직선상 띄엄띄엄 배치된 값들 중에서 어느 한 가지가 될 것이다. 이렇게 원자 내 전자의 에너지가 불연속적인 에너지 준위로 되면 전자가 외부로부터 흡수할 수 있는 에너지와 스스로 방출할 수 있는 에너지도 불연속적으로 된다. 즉 어떤 에너지준위의 전자가 외부로부터 전달되는 에너지를 흡수하려면 전자가 이미 가지고 있던 에너지에 흡수하려는 에너지를 더한 값이 에너지 준위로서 존재하여야만 하고 반대로 높은 에너지준위의 전자가 그보다 낮은 에너지 준위로 그 상태가 변화하면 정확하게 두 에너지의 차를 외부로 방출하게 된다.

원자가 외부로부터 흡수할 수 있는 에너지의 형태는 전자기파의 에너지, 운동에너지 등이다. 따라서 원자에 전자기파를 비추어 주거나 다른 입자로 충돌시켜서 원자에 에너지를 전해 줄 수 있다. 만일 외부로부터 전달되는 에너지가 전자기파의 형태라면 원자 내 전자는 특정한 파장의 전자기파만을 흡수할 수 있다. 원자의 에너지 방출 방식은 주로 전자기파이고 전자기파의 에너지는 그 파장에 의해 결정되므로 방출된 전자기파의 파장은 두 에너지준위에 의해 결정된다. 즉 원자 내 전자가 높은 에너지 준위에서 낮은 준위로 상태가 변화하면 두 에너지준위의 차이에 반비례하는 파장의 전자기파가 방출되는 것이다. 만일 에너지 준위가 존재하지 않고 원자 내 전자가 임의의 에너지를 가질 수 있다면 전자는 어떠한 값의 에너지도 흡수할 수 있으며 모든 파장의 빛을 방출할 수 있게 된다. 그러나 현실은 이와는 반대이다. 즉 원자는 특정한 파장의 전자기파만을 흡수할 수 있고 특정한 파장의 전자기파만을 방출할 수 있는 것이다.

이렇게 특정한 파장의 전자기파만을 방출하여 발생한 결과가 바로 선스펙트럼이다. 즉 원자로부터 나오는 전자기파를 분광기로 분석해 보면 특정한 파장을 갖는 전자기파가 만드는 밝은 선들로 이루어져 있다는 것이다.

원자는 소속된 전자의 수에 따라 그 구조가 달라지며 에너지 준위가 달라진다. 따라서 원자에 따라 흡수나 방출하는 전자기파의 파장이 다르고 그 때문에 선스펙트럼에 나타나는 선들의 파장도 달라진다. 이와 같이 근대 말기의 과학자들이 이해할 수 없었던 선스펙트럼의 발생 원인이 양자역학으로 찾아낸 원자의 구조로부터 규명되는 것이다.

선스펙트럼은 일상생활에서도 흔히 접할 수 있는 광원들에 의해서도 만들어진다. 예를 들어 네온 원자에 의한 붉은 색의 네온사인, 수은 원자에 의한 청백색의 가로등, 나트륨 원자에 의한 노란색의 터널 조명등으로부터 나오는 빛을 분광기고 분석해 보면 모두 선스펙트럼이라는 사실을 확인할 수 있다.

원리적으로 양자역학은 전자를 많이 가지고 있는 원자의 구조도 알려줄 수 있다. 그러나 전자의 수가 늘어남에 따라 슈뢰딩거 방정식을 풀기가 어려워지므로 컴퓨터를 사용한 계산이 필요해진다. 그러한 계산 결과 복잡한 원자의 내부 구조도 파악되었으며 이를 바탕으로 물질의 화학적 성질도 설명할 수 있게 되었다. 예를 들어 원소, 즉 한 종류의 원자로만 구성된 물질을 원자 내 전자의 수로 적당히 배열하였을 때 화학적 성질이 주기적으로 되풀이되는 현상은 양자역학으로 찾아낸 원자의 구조와 관계된다는 사실이 밝혀졌다. 즉 양자역학을 원자에 적용하여 근대의 과학자들이 발견한 주기율표의 이론적 정당성을 제공하게 된 것이다.

원자끼리의 결합은 본질적으로 전기적 인력에 의한다. 원자는 원래 전기적으로 중성이므로 이들끼리 전기적 인력이 작용할 것 같지가 않으나 여러 가지 방법으로 인력을 작용하게 되어 분자가 만들어진다. 분자 사이에는 전하 분포의 비대칭성에 의해서 결합력이 존재하며 이 힘의 크기에 따라 액체의 끓는점과 어는점이 결정되기도 한다.

원자 간의 결합에서 가장 기본적인 형태는 공유결합이다. 두 원자의 결합에서 어느 한쪽 원자로 쏠린 전자는 마치 두 원자가 공동으로 소유하는 것처럼 보이게 된다. 이렇게 외형적으로는 전자의 공동 소유에 의해서 일어나는 것으로 보이는 결합의 형태가 공유결합이다.

만들어진 분자 내의 전자 배치가 대칭적이 아니고, 어느 쪽으로 치우쳐져 부분적으로 전기를 띠는 분자를 극성분자라고 한다. 예를 들어 산소 원자 2개가 결합한 산소 분자는 똑같은 원자 2개가 결합하였으므로 공유된 전자는 두 산소 원자의 중간에 있게 되는 비극성분자이다. 이에 반해 산소 원자 1개와 수소 원자 2개로 이루어진 물분자는 산소 원자의 양쪽에서 수소 원자가 109.5도의 각도로 벌어진 모양을 하고 있다. 공유된 전자는 산소 쪽으로 더 치우쳐져 있어 수소 원자 쪽은 양의 전기를 띠게 되고 산소 쪽은 음의 전기를 띠게 된다. 따라서 물분자는 극성분자이다. 극성분자는 다른 극성분자와 전기적으로 잘 결합할 수 있으므로, 물에 산소는 잘 녹지 않으나 다른 극성분자인 탄산은 비교적 잘 녹는다.

공유된 전자가 어느 한 원자 쪽으로 완전히 치우치면 이를 이온결합이라고 한다. 이는 결합한 한 원자의 이온화 에너지가 낮아서 전자를 쉽게 잃고 다른 원자는 그 전자를 쉽게 받아들인 결과이다. 이때 두 원자는 서로 전자를 주고받아서 서로 반대 부호의 이온으로 된다. 이들 이온 사이에 작용하는 전기적 인력이 바로 결합력이다. 이온 결합에 의해 만들어진 고체 결정의 경우에는 전자가 두 이온사이에 고정되어 있으므로 전기 전도는 약하게 일어난다. 그러나 물에 녹으면 이온들이 분리되어 양호한 전기 전도를 일으킨다.

금속에서는 원자의 최외각 전가가 원자로부터 분리되어 고체 결정 속을 마음대로 돌아다닌다. 이들 전자는 이제 더 이상 어느 특정한 원자에 소속되어 있지 않고 모든 원자에 의해 공동으로 소유된다고 할 수 있다. 따라서 금속 결정 속의 모든 원자는 일종의 공유결합 상태에 있게 된다. 이러한 금속 내 원자들의 결합 방식을 금속 결합이라고 한다.

전자가 결정 전체를 자유롭게 이동할 수 있으므로 금속은 전기 및 열을 잘 전달하는 물리적 성질을 가지며 가시광선이 금속에 닿으면 전자들에 의해 산란되어 독특한 금속광택을 나타낸다.

불활성기체의 원자는 다른 원자와 결합하는 힘을 거의 갖지 않고 있다. 그러나 이들에게 다른 중성 원자가 접근하면 원자 내 전자가 이동하여 전기적 중심이 분리되는 현상이 발생한다. 결과적으로 마치 극성을 띤 원자처럼 인접 원자 사이와 약한 전기적 인력을 작용하게 된다. 이 힘에 의한 결합을 반데르발스결합이라고 한다. 반데르발스결합은 공유결합보다 결합력에서 1/100 정도밖에 되지 않을 정도로 약하기 때문에, 이 힘에 의해 결합한 것은 낮은 온도에서도 쉽게 풀어진다. 반데르발스 결합은 비극성분자를 포함한 모든 분자에 존재하여 액화와 응고가 일어나게 하는데 기여하나 극성분자에서는 극성분자 사이의 전기적 인력에 비해서 크기가 무시될 수 있을 정도로 매우 작다.

수소를 매개로 분자끼리 작용하는 결합을 수소결합이라고 한다. 수소결합은 분자 사이에 작용하는 힘 주에서 가장 강하기 때문에 수소결합을 하는 분자의 끓는점은 비교적 높다. 수소결합의 가장 흔한 예는 물로서 물은 분자의 크기에 비해 끓는점이 상당히 높은 편이다.

45. 초전도체

도체와 부도체는 온도가 올라가면 전기 저항이 증가한다. 물체를 이루는 원자들의 운동이 활발해져 전자의 진행을 방해하기 때문이다. 온도가 올라가면 전기 저항이 증가한다는 것은 온도가 내려가면 전기 저항이 작아진다는 것을 의미한다. 실제로 물질의 비저항은 온도가 내려가면 작아진다. 그러나 절대 0도 부근에서는 갑자기 전기 저항이 0이 되는 일이 일어난다. 전기 저항이 0인 물질을 초전도체라고 한다.

초전도현상은 1911년 액체 헬륨을 이용하여 절대 0도 부근에서 수은의 전기 저항을 조사하던 온네스(Kamerlingh Onnes)에 의해 처음 발견되었다. 그는 수은의 온도를 낮추어 가자 4.2K에서 갑자기 전기 저항이 0으로 변하는 것을 발견하였다. 1913년에는 납이 7K에서 초전도체로 변한다는 것이 발견되었고, 1941년에는 니오븀이 16K에서 초전도체로 변하는 것이 발견되었다.

1933년 마이스너와 옥센펠트는 초전도체가 모든 자기장을 밀어낸다는 마이스너효과를 발견하였다. 1935년에 런던이 마이스너 효과는 초전도체에 흐르는 미세한 전류 작용에 의한 것임을 밝혀냈다. 1950년에는 란다우와 긴츠부르크가 초전도체에 관한 긴츠부르크-란다우이론을 발표하였다. 상변화에 관한 란다우의 이론과 파동함수를 결합한 이 이론은 초전도체의 거시적인 성질을 설명하는데 성공하였다. 아브리코소프는 긴츠부르크-란다우 이론을 이용하여 초전도체를 I형과 II형으로 나눌 수 있다는 것을 보여주었다. 초전도 현상을 설명하는 완전한 이론은 바딘, 쿠퍼, 슈리퍼에 의해 1957년 제안되었다. BCS 이론이라 불리는 이들의 이론에 의하면 초전도 현상은 전자들이 포논을 주고 받는 상호작용을 통해 형성한 쿠퍼쌍이라고 부르는 전자쌍이 초유체 성질 때문에 나타난다.

전자들은 음전하를 띠고 있기 때문에 서로 전기적으로 반발한다. 그러나 물질을 이루는 원자들의 원자진동과의 상호작용으로 인하여 어떤 경우에는 전자들 사이에 인력이 작용하여 전자가 쌍을 이루게 된다. 이렇게 형성된 전자쌍을 쿠퍼쌍이라고 한다. 이렇게 전자가 쌍을 이루면 전자의 에너지 상태는 보통의 상태보다 낮아져서 보통의 상태와 초전도 상태 사이에는 일정한 에너지 틈이 생긴다. 초전도체에서는 쿠퍼쌍을 이룬 전자의 에너지 상태와 보통의 전자 상태 사이에 생긴 에너지 틈으로 인해 원자들과 상호작용을 하지 않게 되어 전자는 에너지를 잃지 않고 계속 진행할 수 있는 것이다. 후에 과학자들은 BCS이론이 임계 온도 부근에서는 긴츠부르크-란다우 이론과 같게 된다는 것을 증명하였다.

1962년에는 미국의 웨스팅하우스에서 최초로 니오븀과 티타늄

합금을 이용해 초전도체 도선을 생산하였다. 같은 해에 영국의 조셉슨은 두 초전도체 사이에 얇은 부도체가 끼어 있을 때 이 초전도체 사이에 초전류가 흐를 수 있다는 것을 이론적으로 예측하였다. 조셉슨 효과라고도 부르는 이 현상은 정밀한 과학 실험에 널리 응용되고 있다. 2008년에는 일부 과학자들에 의해 초전도체가 만들어지는 것과 같은 현상을 통해 전기 저항이 무한대인 초절연체가 만들어질 수도 있다는 것이 밝혀지기도 하였다.

보통의 물체가 초전도체로 변하는 온도를 임계 온도라고 한다. 초전도체의 임계온도는 원자의 진동에너지와 밀접한 관계가 있다. 대부분 금속의 임계온도는 절대온도 10도 보다 낮으며, 합금의 경우에는 절대온도 23도 보다 낮다. 저항이 없는 초전도체는 여러 가지로 유용성이 큰 물질이지만 임계온도가 이렇게 낮기 때문에 경제성이 적다. 낮은 온도를 유지하는데 많은 비용이 들기 때문이다. 그래서 과학자들은 높은 임계온도를 가진 초전도체를 만들어 내려고 노력하고 있다.

1986년까지 과학자들은 BCS 이론에 의해 절대온도 30K 이상에서는 초전도체가 만들어질 수 없다고 생각하였다. 그러나 1986년 스위스의 베드노르츠(J. Bednorz)와 뮐러(K. Muller)가 임계온도가 35K인 란탄늄을 기반으로하는 산화구리 초전도체를 만들어냈다. 이어 1987년 알라바마대학의 우(M. K. Wu) 등이 란탄늄 대신 이트륨을 기반으로 해서 임계 온도가 92K인 초전도체를 만든는데 성공하였다. 이 초전도체의 임계 온도는 액체질소

온도인 77K보다 높다. 액체질소 온도는 큰 비용을 들이지 않고 쉽게 만들 수 있기 때문에 이런 높은 임계온도를 가지고 있는 초전도체는 실용성이 크다.

극저온 초전도체가 만들어지는 원인이 BCS 이론으로 설명되었던 것과는 달리 고온 초전도체가 만들어지는 원인에 대해서는 아직 설명하지 못하고 있다. 고온 초전도체가 만들어지는 원인을 규명하게 되면 우리가 일상생활을 하는 온도에서 초전도체로 변하는 상온 초전도체의 개발도 가능할 것으로 생각된다.

연구가 진행되면서 계속 더 높은 임계온도를 가지는 초전도체가 개발되었다. 1993년에는 탈륨, 수은, 구리, 바륨, 칼슘과 산소를 포함하고 있는 세라믹 물질의 임계온도가 138K인 것을 발견하기도 하였다. 2008년에는 철을 기반으로 하는 고온 초전도체가 개발되기도 하였다.

초전도체를 이용하면 강한 자기장을 만드는 것이 용이해 진다. 자기장을 만들기 위해서는 전류를 흘려야 하는데 저항이 있는 경우에는 많은 열손실이 생기게 마련이다. 그러나 저항이 없는 초전도체를 이용하면 열손실을 염려할 필요 없이 강한 자기장을 만들어낼 수 있어 자기 부상 열차, 자기 추진선과 같은 교통수단의 혁명을 가져올 수 있다. 또한, 초전도체는 전기 에너지의 저장, 초전도 발전기, 무손실 송전 등에도 사용될 수 있을 것이다.

46. 나노기술의 발전

나노기술은 원자와 분자 단위에서 이루어지는 응용기술을 통틀어 부르는 말이다. 나노기술에서는 대략 100나노미터이하의 크기를 다룬다. 나노기술은 물리, 화학은 물론 생물학과 관련된 많은 분야에서 연구되고 있다. 나노기술은 제약, 전자 부품, 에너지 생산과 같은 여러 분야에서 응용될 것으로 예상된다.

나노기술의 개념을 처음 제안한 사람은 미국의 물리학자인 리차드 파인만(Richard Feynman)이었다. 파인만은 1959년 캘리포니아 공과대학에서 열렸던 미국 물리학회에서 "바닥에는 넓은 세계가 있다"라는 내용의 강연을 하였다. 파인만은 여기서 개개의 분자나 원자를 조작할 수 있는 기술의 가능성을 제안하였다. 파인만은 작은 세계로 내려가면 중력의 중요성이 사라지고, 표면장력이 중요해지는 것과 같이 여러 가지 다른 현상이 나타날 수 있을 것이라는 가능성을 제시하기도 하였다.

물질이 나노 단위로 작아지면 커다란 세계에서 보여주던 것과는 전혀 다른 성질을 나타내게 된다. 예를 들면 구리는 커다란 물질일 때는 빛을 통과시키지 못하는 물질이지만 나노 크기에서는 투명해진다. 알루미늄은 큰 물질일 때는 잘 연소하지 않지만 나노 크기에서는 쉽게 연소된다. 금은 큰 물질일 때는 상온에서 고체이지만 나노 크기가 되면 액체가 되며 다른 물질과 화학 반응을 잘하게 되어 화학 반응의 촉매로 사용될 수 있다. 그런가 하면 큰 물체일 때는 부도체이던 실리콘은 나노 크기에서는 도체가 된다. 물질이 나노 크기에서 이렇게 다른 성질을 나타내게 되는 것은 작은 크기에서는 양자역학적 효과가 중요하게 되고, 부피 대 표면적의 비율이 크게 증가하기 때문이다. 나노기술에서는 나노 크기에서 나타내는 이러한 물질의 성질을 이용하게 된다.

1980년대 이후 나노기술의 발전에 가장 큰 영향을 끼친 것은 주사형 터널 현미경(STM)과 원자현미경(AFM)의 개발이라고 할 수 있다. 원자의 배열 상태를 볼 수 있을 정도의 정밀한 해상도를 가지고 있는 주사형 터널 현미경은 1981년 스위스 취리히에 있는 IBM 연구소의 비니히(G. Binnig)와 로러(H. Rohrer)에 의해 개발되었다. 주사형 터널 현미경은 양자역학적 터널링 현상을 응용한 것이다. 전도성이 좋은 물질로 만든 탐침을 시료의 표면에 아주 가까이 접근시키면 터널링 현상을 통해 전자가 탐침과 시료 사이를 이동하게 되어 탐침과 시료 사이에 전류가 흐르게 된다. 낮은 전압에서 흐르는 터널 전류의 세기는 시료의 전자 배열 상태에 따라 달라진다.

터널링 현상은 고전 역학적으로 일어날 수 없는 양자역학적 현상이다. 고전 역학에 의하면 물체는 음의 운동에너지를 가질 수 없으므로 물체가 가지고 있는 총에너지보다 높은 에너지 장벽은 절대 통과할 수 없다. 그러나 양자역학에 의하면 전자와 같은 입자들은 자신이 가지고 있는 총에너지보다 높은 에너지 장벽은 일정한 확률을 가지고 통과할 수 있다. 이렇게 자신의 총에너지보다 높은 에너지 장벽을 통과하는 현상을 터널링이라고 한다. 원자 속에 들어있는 전자는 원자핵의 전기적 위치 에너지 장벽 안에 갇혀 있다고 할 수 있다. 이런 전자들도 터널링 현상에 의해 에너지 장벽을 뚫고 밖으로 나올 수 있다. 외부에서 전압을 걸어주면 에너지 장벽이 낮아져 전자가 에너지 장벽을 뚫고 나올 확률이 커진다. 주사형 터널링 현미경은 시료와 탐침 사이에 흐르는 터널 전류를 이용해 물체의 표면 상태를 조사한다.

일반적으로 주사형 터널 현미경에서 탐침과 시료 사이의 거리는 4~7 정도이다. 탐침은 시료 표면을 스캔하면서 터널 전류의 세기를 측정하거나, 일정한 터널 전류가 흐르는 표면에서부터의 거리를 측정한 후 이 자료를 분석하여 표면 상태를 영상으로 나타낸다. 일정한 거리에서 터널 전류를 측정하는 것을 일정한 거리 측정방법, 일정한 터널 전류를 나타내는 거리를 측정하는 것을 일정한 전류 측정 방법이라고 한다.

전류를 일정하게 유지하면서 거리를 측정하기 위해서는 측정된 전압을 압전 물질로 이루어진 거리 조절 장치에 피드백하여 탐침을 아래위로 움직이게 된다. 시료와 탐침 사이의 거리를 일정하게 유지하면서 터널 전류의 크기를 측정하는 방법은 탐침이 아래위로 움직이지 않아도 되기 때문에 빠르게 측정을 진행할 수 있다는 장점이 있다.

주사형 터널 현미경의 해상도는 탐침의 반지름과 탐침 끝의 상태에 따라 달라진다. 따라서 해상도가 높은 주사형 터널 현미경을 만들기 위해서는 정밀한 탐침의 제작이 필수적이다. 탐침은 주로 텅스텐, 백금과 이리듐 합금, 또는 금 등으로 만든다. 텅스텐의 경우에는 주로 화학적인 방법으로 만들고 백금과 이리듐 합금의 경우에는 기계적인 방법으로 가공한다. 최근에는 탄소 나노튜브를 이용한 정밀한 탐침도 사용되고 있다.

주사형 터널 현미경의 탐침과 시료 사이에 흐르는 터널 전류는 탐침과 시료 사이의 거리에 따라 달라지므로 주사형 터널 현미경은 외부의 진동에 큰 영향을 받을 수 있다. 따라서 주사형 터널 현미경을 외부의 진동으로부터 차단시키는 것은 매우 중요하다. 비니히는 자기장을 이용하여 진동을 차단했지만 스프링 시스템을 이용하여 외부 진동을 차단하는 방법이 더 많이 사용된다. 최근에는 주사형 터널 현미경의 원리를 기반으로 하는 새로운 현미경이 많이 개발되어 사용되고 있다. 주사형 광자 현미경(PSTM)은 터널 전류 대신 터널링하는 광자를 측정하는 현미경이고, 주사형 전압 현미경(STP)은 탐침과 시료 사이의 전압을 측정하여 표면 상태를 알아내는 현미경이다.

주사형 터널 현미경은 원자의 배열 상태를 알아낼 수 있는 정도의 해상도를 가지고 있다. 따라서 원자나 분자 단위의 조작이 가능해 진다. IBM의 연구자들은 니켈 표면에 있는 크세논 원자를 옮겨 IBM이라는 글자를 만드는 것을 조작해 보여 주기도 하였다. 최근에는 STM을 이용하여 분자 내의 특정 결합의 방향을 바꾸는 조작에 성공하기도 하였다. 원자 단위의 배열 상태를 확인할 수 있고, 조작을 가능하게 하는 STM의 개발과 이용은 나노기술 발전에 크게 기여하였다.

원자력 현미경(AFM) 역시 나노 크기보다 훨씬 작은 크기의 물체를 확인할 수 있다. 원자력 현미경은 1986년 퀘테(C. Quate)와 거버(C. Gerber)에 의해 개발되었다. 원자력 현미경은 표면을 스캔하면서 탐침과 표면 사이에 작용하는 힘을 측정하는 날카로운 끝의 탐침을 가지고 있다. 주로 실리콘으로 제작되는 탐침은 나노미터 정도의 곡률을 가지고 있다. 탐침을 시료 가까이 가지고 오면 시료와 탐침 사이에 작용하는 힘에 의해 탐침이 달려 있는 막대가 휘게 된다.

시료와 탐침 사이에 작용하는 힘은 시료의 종류나 표면 상태, 그리고 거리에 따라 역학적 접촉에 의한 힘일 수도 있고, 전기적인 반발력일 수도 있으며, 화학적 결합력에 기인한 것일 수도 있다. 탐침 휘는 정도는 레이저를 이용하여 측정한다. 탐침이 일정한 높이에서 시료 표면을 스캔하면 탐침과 시료가 충돌할 위험이 있다. 따라서 대부분의 경우에는 일정한 세기의 힘이 작용하도록 탐침의 높이를 조절하면서 스캔하는 방법을 사용한다.

원자력 현미경은 주사형 터널 현미경에 비해 여러 가지 장점이 있다. 주사형 터널 현미경은 표면의 2차원 영상을 얻을 수 있는 반면 원자력 현미경은 표면의 3차원 영상을 얻을 수 있다는 것이 가장 큰 장점이다. 이밖에도 주사형 터널 현미경에 사용될 시료는 금속이나 탄소 코팅과 같은 준비 단계를 거쳐야 하지만 원자력 현미경에 사용될 시료는 그런 준비 단계가 필요 없다. 또한, 주사형 터널 현미경은 대부분의 경우 진공 상태에서 작동하지만, 원자력 현미경은 공중 중은 물론 유체 속에서도 사용할 수 있다. 따라서 살아 있는 세포와 같은 생물학적 시료를 측정하는데 원자력 현미경이 적당하다.

나노 크기의 구조물을 만드는 방법은 크게 두 가지로 나눌 수 있다. 하나는 원자와 같이 더 작은 조각들을 모아 나노 크기의 구조를 만들어 가는 아래에서 위로의 과정이고 다른 하나는 커다란 물체를 기계적으로 절단하여 작은 구조물을 만들어 가는 위에서 아래로의 과정이다. 현대 화학 지식과 기술을 이용하면 우리는 거의 모든 형태의 분자를 합성할 수 있다. 분자들을 다룰 수 있는 이러한 화학적 기법을 나노기술에 사용하기 위해서는 분자들을 특정한 형태로 배열하여 우리가 원하는 구조물을 만들어 낼 수 있어야 한다. 나노 크기에서 분자 하나하나를 조작하여 원하는 구조를 만들어 내는 것은 쉬운 일이 아닐 뿐만 아니라 능률적이지도 않다. 따라서 분자를 합성하는 기술을 나노기술에 응용하기 위해서는 분자가 스스로 더 큰 구조를 만들어 내도록 통제하는 것이 더 효과적이다.

이렇게 간단한 분자 사이의 결합을 통제하여 원하는 구조를 만들어 내는 것이 아래서 위로의 기법이다. 아직 이런 방법이 나노기술에서 널리 사용되고 있지는 않지만, 생명체의 복잡한 구조가 만들어지는 과정이 바로 이런 과정이고 보면 앞으로의 나노기술에서 이런 방법이 널리 시도되고 사용될 것이다.

나노기술은 때로 나노 가공을 가리키기도 한다. 다시 말해 원자와 원자 또는 분자와 분자를 조합하여 분자 단위에서 작동하는 작은 기계를 만들어 내는 기술을 뜻한다. 이것은 화학적인 방법으로 나노 구조물을 만들어 내는 것과는 다르다. 드렉슬러가 처음 나노기술을 언급했을 때 염두에 두었던 것도 이러한 기술이었다. 그러나 원자를 결합하여 원하는 결합 강도를 가진 특정한 구조를 만들어내는 일은 매우 어려운 일이다. 화학적인 방법을 사용하지 않고 기계적인 방법으로 분자 단위의 구조를 만드는 기술은 아직 초기 단계에 있다. 그러나 코넬 대학의 호(Ho)와 리(Lee)는 1999년 주사형 전자 터널 현미경을 이용하여 평평한 은 결정위에서 전압을 가하여 일산화탄소 분자와 철 분자를 결합시키는데 성공하였다. 또한, 로렌스 버클리 연구소와 캘리포니아 대학의 알렉스 제텔(A. Zettl)과 그의 동료들은 기계적인 방법으로 컴퓨터로 전압의 세기를 조절하여 작동시키는 분자 단위의 기계장치를 만들어내는데 성공하였다.

나노기술은 크기를 나타내는 말이기 때문에 그 응용분야를 제한하지 않는다. 따라서 나노기술은 다양한 분야에서 응용하는 것이 가능하다. 우선 나노기술은 새로운 재료의 개발과 제조공정의 혁신에 널리 사용될 것이다. 물리학 분야에서 활발한 연구가 진행되고 있는 탄소 나노 튜브의 개발은 나노기술이 재료 분야에 사용될 중요한 예이다. 탄소 원자만으로 길고 가는 원통형 구조를 이루고 있는 탄소 나노 튜브는 지름은 수 나노미터에서 수십 나노미터이지만 길이는 10마이크로미터가 넘는다. 독특한 구조를 가지고 있는 탄소 나노 튜브는 가벼우면서도 강철보다 단면적 대비 20배, 밀도 대비 80배의 탁월한 기계적 강도를 가지고 있는 초경량 고강도 섬유이다. 탄소 나노 튜브는 이외에도 감기는 방법에 따라 때로는 도체로 때로는 반도체로 작용하는 특이한 전기적 특징으로 그 응용 범위가 넓다. 탄소 나노 튜브는 이미 투명전극, 평면 패널 디스플레이, 태양 전지, 나노 구조를 위한 접착제, 전지용 전극의 소재로 사용되고 있으며 앞으로 그 용도가 더욱 넓어질 것으로 보인다.

나노기술은 생명과학 분야에서도 널리 사용될 전망이다. 나노 구조물은 체내에서 작동하는 원격 제어가 가능한 장치를 개발하는 데 사용될 수 있을 것이며, 약물이 필요한 곳에 전달하여 최대의 효과를 나타내도록 하는 데도 사용될 수 있을 것이다. 그런가 하면 신체 내 특정 부위를 검진하고 진단하는 방법에도 혁신적인 변화를 가져올 수 있을 것이다. 나노기술은 또한 전자 분야에도 큰 변화를 가져올 것이다. 차세대 고성능 디스플레이 장치 개발, 새로운 레이저의 개발, 초고밀도의 3차원 메모리 개발, 폴리머 태양전지 개발, 체내 삽입용 전지의 개발 등 다양한 전자공학 분야에서 나노기술의 응용가능성이 연구되고 있다.

나노기술은 섬유 분야에도 응용될 수 있다. 섬유가 특수한 성질을 가지도록 나노 코팅을 할 수도 있을 것이고, 각종 센서를 부착할 수 있는 섬유도 개발할 수 있을 것이며, 항상 건강을 체크할 수 있는 스마트 의류의 개발에도 사용될 수 있을 것이다. 나노기술은 또한 환경친화적이며, 에너지 절감형 자동차나 비행기를 개발하는 데도 이용될 수 있을 것이다. 이밖에도 나노기술의 응용가능성은 아주 많다. 그러나 나노 구조물이 가져올 환경 파괴 가능성과 인체에 유해한 요소에 대해서도 관심을 기울여야 한다고 주장도 제기된다.

47. 카오스과학

뉴턴 시대의 과학자들은 자연에서 일어나는 모든 현상은 정확히 역학 법칙에 따라 운동하고 있으므로 어떤 순간의 상태를 정확히 알면 다음 순간 어떤 일이 일어날 것인지를 정확하게 예측할 수 있을 것이라고 생각하였다. 이러한 생각은 뉴턴 역학을 수학적으로 크게 발전시킨 라플라스(P. Laplace)에 이르러 절정을 이루었다. 라플라스는 어떤 순간 우주에 있는 모든 입자들의 위치와 속도를 알 수 있다면 운동 방정식으로부터 우주의 미래를 예측할 수 있을 것이라고 생각하였다. 이러한 결정론에 의하면 같은 초기 조건에서 출발한 우주는 단 하나의 결과밖에는 가져올 수 없으므로 우주가 처음부터 새로 시작한다고 해도 초기 조건이 같다면 모든 일들이 그대로 재연될 것이라고 하였다.

그런데 1963년에 미국의 기상학자 로렌츠(E. Lorenz)는 다양한 기상현상을 기술할 수 있는 기상 모델을 찾기 위하여 세 개의 변수과 세 개의 방정식으로 이루어진 연립방정식을 초보적인 컴퓨터를 이용하여 풀려고 시도하였다. 방정식의 해는 매개변수의 값에 따라 크게 달라지는데 어떤 매개 변수 값에서는 매우 불규칙한 결과를 나타내었다. 그의 기상 모델은 매우 간단한 모델이었지만 나타난 결과는 매우 복잡하고 불규칙한 것이었다.

이것은 매우 놀라운 발견이었다. 오랫동안 우리는 복잡한 자연 현상은 복잡한 방정식으로 표현될 것으로 짐작하고 있었다. 그런데 간단한 방정식으로부터 복잡한 현상이 나타날 수 있다는 것은 우리 주위에 복잡한 현상들을 간단한 방정식으로 나타낼 수 있는 가능성을 보여 준 것이었다. 그동안 복잡한 현상이라고 생각하여 다루기를 꺼려하던 많은 현상들을 간단한 방법으로 다룰 수 있을지도 모른다는 생각을 하게 되었다.

로렌츠가 그의 기상 모델을 이용한 분석에서 또 하나 알게 된 것은 이 방정식들의 해가 초기 조건에 매우 민감하다는 것이었다. 약간 다른 초기 조건을 이용하면 처음에는 비슷한 운동을 하지만 점차 그 차이가 증폭되어 긴 시간이 흐른 후에는 전혀 다른 운동을 하게 된다는 것을 알게 되었다. 이렇게 결과가 초기 조건에 민감하게 의존하는 현상을 나비효과(butterfly effect)라고 부른다. 로렌츠가 그의 기상 모델에서 발견한 나비효과는 비선형 방정식으로 표현되는 역학계의 공통적인 현상이라는 것이 밝혀져 비선형 방정식을 선형 방정식으로 근사시켜 해를 구해온 종래의 방법에 문제가 있음을 알게 해주었다.

오랫동안 대부분의 전통적인 물리학자들은 잘 풀리지 않는 비선형 방정식을 푸는 대신 비선형 방정식을 그 식에 가장 근사한 선형 방정식으로 바꾸어 문제를 풀어 왔다. 그들의 기본적인 생각은 자연 현상은 선형 방정식으로 주어지는 기본 질서가 주를 이루고 비선형 항은 이 주된 흐름에 작은 섭동을 일으키지만, 곧 사라지는 것으로 생각하였다. 어떤 분야에서는 이런 분석 방법이 큰 성공을 거두기도 하였다.

그러나 자연의 실제 모습은 그런 물리학자들의 이상과는 다르다는 것이 밝혀지기 시작한 것이다. 로렌츠가 그의 기상 모델에서 발견한 나비효과는 비선형 항이 작용한 결과이다. 비선형 항이 들어 있는 방정식의 정확한 해를 구하는 것은 불가능하므로 그동안 근사적인 해만 구해서 그 결과가 선형 방정식의 해와 큰 차이가 없다는 것을 보이는 것으로 만족했으므로 오랜 시간 후에 큰 차이가 난다는 사실이 묻혀 왔었다.

그런데 로렌츠는 매우 초보이긴 했지만, 컴퓨터를 이용하여 오랜 시간이 지난 후 비선형 방정식의 해가 어떻게 되는지 알아볼 수 있었기 때문에 이러한 현상을 발견할 수 있었다. 로렌츠가 그의 기상 모델에서 알게 된 또 하나의 사실은 그가 얻은 방정식의 해가 위상공간에서는 복잡한 기하학적인 구조로 나타난다는 사실이었다.

혼돈 현상이라고 부르는 이러한 현상을 이해하기 위해서는 위상공간에 나타나는 이러한 기하학적 구조를 이해하는 것이 필요하다는 것을 알게 되었다. 그런데 이러한 기하학적인 구조는 자연계에 널리 존재한다는 것이 이미 물리학이 아닌 다른 분야에서 연구되고 있었다. 이러한 기하학적 구조가 바로 프랙탈(fractal)이라고 부르는 기하학적 구조이다. 로렌츠의 이러한 발견은 혼돈

현상을 해석하는 새로운 가능성을 제시하는 것이었다.

나뭇가지들이 일정한 거리의 비가 되는 점에서 두 가지로 갈라져 가면 가지의 어느 부분을 선택하여 확대를 해도 전체의 나무 모양과 같은 모양을 얻을 수 있다. 이러한 성질을 자기 유사성이라고 한다. 자기 유사성을 가지는 이러한 기하학적 구조를 프랙탈 구조라고 한다.

예를 들면 눈송이도 프랙탈 구조로 되어 있다. 한 변의 길이가 1인 정삼각형을 생각해 보자. 이 정삼각형의 세 변 위에서 한 변의 길이를 3등분하여 가운데 부분에 3등분된 길이를 한 변의 길이로 하는 정삼각형 세 개를 만들자. 그리고 다음에는 이렇게 만들어진 작은 삼각형의 모든 변 위에서 같은 일을 반복해 보자. 이런 일을 계속해 나가면 눈송이 모양의 아름다운 구조가 나타나는 것을 알 수 있을 것이다. 이런 구조를 코흐의 곡선이라고 부르는데 실제의 눈송이 모양은 이런 구조를 바탕으로 하고 있다.

이러한 프랙탈 구조는 자연의 구조물에는 물론 수학적 분석, 생태학의 로지스틱 맵, 위상공간에 나타내진 동역학의 운동 모형 등 여러 곳에서 발견되어 자연이 가지는 기본적인 구조라는 것을 알게 되었다.

공간구조로서의 프랙탈과 비선형 동역학은 위상공간에서 만나게 된다. 따라서 프랙탈 구조에 대한 이해를 통하여 불규칙해 보이는 자연의 공간적인 구조 속에서 그 속에 내재해 있는 규칙을 찾아낼 수 있고, 혼란스러워 보이는 비선형 동력학의 현상을 지배하는 규칙도 찾아낼 수 있게 된 것이다. 프랙탈 기하학은 혼란스러워 보이는 현상을 설명하는 새로운 언어고 등장하게 되었다.

위상공간의 각 점은 운동 상태를 나타낸다. 따라서 오랜 시간이 흐른 후에 운동하는 질점이 일정한 상태로 다가가 안정한 상태가 된다면 위상공간에서는 운동상태가 한 점으로 다가가는 것으로 나타날 것이다.

예를 들어 감쇄진동의 경우에는 저항력으로 인해 점점 에너지가 줄어들어 마침내는 평형점에 멈추어 서게 되는데 이 평형점은 위상공간에서 원점이다. 이런 경우에 감쇄진동은 위상공간에서 원점으로 수렴하는 것으로 나타날 것이다. 그러나 저항력이 없는 조화진동에서는 한없이 진동을 계속하므로 위상공간에서 조화진동을 나타내는 궤적은 원이다.

이렇게 오랜 시간이 지난 후에 어떤 계가 안정된 상태로 수렴하게 될 때 위상공간에서 이 안정한 상태를 나타내는 궤적을 끌개라고 한다. 감쇄진동의 경우에는 원점이 끌개가 된다. 그리고 조화진동의 경우에는 원이 끌개가 된다. 이와 같이 끌개는 위상공간 위의 한 점일 수도 있지만 원과 같은 기하학적인 도형으로 나타나기도 한다. 혼돈 운동의 끌개를 위상공간에 그려보면 전형적인 프랙탈 구조를 하고 있다. 이렇게 프랙탈 구조를 갖는 끌개를 기이한 끌개라고 한다.

이렇게 해서 자연에 존재하는 기본 구조인 프랙탈 구조와 혼돈스런 비선형 운동과의 관계가 밝혀졌다. 따라서 프랙탈 구조에 대한 이해는 혼돈운동을 이해하는데 매우 중요하다는 것을 알게 되었다. 이제 물리학에서는 혼돈스러운 운동을 분석할 수 있는 새로운 강력한 분석방법을 갖게 된 것이다.

이러한 발견은 물리학계는 물론 과학 전체에 큰 충격을 주었다. 자연에서 흔히 발견되는 무질서하고 혼란스런 운동도 규칙운동과 같이 잘 정의된 방정식으로 나타날 수 있는 운동의 한 부분이고 따라서 규칙운동과 같이 분석할 수 있다는 것이다. 이렇게 그 생성원인을 알 수 있어서 새로운 방법으로 분석이 가능한 혼돈현상은 그 원인을 알 수 없어서 분석이 가능하지 않은 것과는 다르다.

따라서 이러한 혼돈현상을 결정론적 혼돈이라고 부른다. 지금까지 전통적인 방법으로 파악되지 않아서 혼돈으로 치부되던 많은 현상들이 새로운 방법에 의해 분석 가능해짐으로 우리가 분석 가능한 자연 현상의 영역은 매우 넓어졌다. 아직 시작된 지 얼마 안 되는 혼돈과학의 연구가 진척되면 앞으로 자연에 대한 이해가 훨씬 넓고 깊어질 것으로 생각된다.

물리학으로의 초대

정태성 값 12,000원

초판발행 2022년 12월 15일
지 은 이 정태성
펴 낸 이 도서출판 코스모스
펴 낸 곳 도서출판 코스모스
등록번호 414-94-09586
주 소 충북 청주시 서원구 신율로 13
대표전화 043-234-7027
팩 스 050-4374-5501

ISBN 979-11-91926-52-1